中国海上风电丛书

"十四五"时期国家重点出版物出版专项规划项目

SCOUR ASSESSMENT AND PROTECTION AROUND FOUNDATIONS
OF OFFSHORE WIND TURBINES

海上风电场桩基局部

U0166883

王海龙　彭雪平　刘博　等　编著

中国水利水电出版社
www.waterpub.com.cn
·北京·

内 容 提 要

本书共包含5章，第1章为绪论，简要介绍了研究海上风电场桩基基础冲刷问题的意义，风电场的分类与应用，冲刷案例与原因分析以及研究方法等。第2、3章分别介绍了复杂水动力条件下，小直径单桩以及大直径单桩基础周边的流场特性以及影响冲刷程度的相关要素。第4章介绍了波、流及其组合条件下，各类复杂桩基础周边的冲刷特性。第5章详细描述了冲刷破坏模式、冲刷监测方法以及防护技术的应用，并通过工程案例加以阐述。

本书适合从事海上风电场相关工作的人员阅读使用。

图书在版编目（ＣＩＰ）数据

海上风电场桩基局部冲刷 / 王海龙等编著. -- 北京：
中国水利水电出版社，2022.9
（中国海上风电丛书）
ISBN 978-7-5226-0550-0

Ⅰ．①海… Ⅱ．①王… Ⅲ．①海风－风力发电－发电
厂－桩基础－局部冲刷－研究 Ⅳ．①TM614

中国版本图书馆CIP数据核字(2022)第041830号

书　　　名	**中国海上风电丛书** **海上风电场桩基局部冲刷** HAISHANG FENGDIANCHANG ZHUANGJI JUBU CHONGSHUA
作　　　者	王海龙　彭雪平　刘　博　等　编著
出 版 发 行	中国水利水电出版社 （北京市海淀区玉渊潭南路1号D座　100038） 网址：www.waterpub.com.cn E-mail：sales@mwr.gov.cn 电话：(010) 68545888（营销中心）
经　　　售	北京科水图书销售有限公司 电话：(010) 68545874、63202643 全国各地新华书店和相关出版物销售网点
排　　　版	中国水利水电出版社微机排版中心
印　　　刷	天津嘉恒印务有限公司
规　　　格	184mm×260mm　16开本　9.5印张　231千字
版　　　次	2022年9月第1版　2022年9月第1次印刷
定　　　价	**72.00元**

本 书 编 委 会

主　编：王海龙

副主编：彭雪平　刘　博

参　编：张继生　管大为　陈　浩

前言

　　由于海面光滑、摩擦力小，因此相较于陆上的自然条件，海上风速较大且变化较小；并且海上风切变也较小，相比于陆上风电场，海上风电场无需建造较高塔架，这在很大程度上降低了风电机组成本。丹麦、荷兰等欧洲国家具有丰富的风能资源，因此较早着手于推进海上风力发电技术。近年来，我国也开始积极促进新能源推广，大力发展风电技术，并在相关政策上给予大力支持。《2016—2021 年风能行业深度分析及"十三五"发展规划指导报告》表明，我国新增装机容量达到了 1893 万 kW，占全球新增装机容量的49.5%。我国海上可开发风能资源是陆上的 3 倍，且海上风电场适用于单机容量更大的风电机组，因此开发建设海上风电场这一重点工作势不可挡。

　　随着海上风电的大力发展，风电机组的安全运行也备受重视。水流遇到桩基基础会使流态发生变化，进而引起泥沙运动。部分泥沙被水流带离桩体，在桩周形成冲刷坑。冲刷坑使得桩基基础有效埋置深度减小，承载力降低，严重威胁了风电机组的稳定性。本书详细介绍了在波浪、水流及其组合作用下，不同类型的风电机组桩基础（包括重力式基础、单桩基础、水下三桩基础、导管架基础、吸力桶基础、浮式基础等）周边的水流流态特性，冲刷特性以及两者的相互关系。本书重点研究了影响最大冲刷深度的相关因素，包含桩体形状、水流参数、波浪参数、海床土体参数等，并对冲刷破坏模式进行分类以及分析。

　　本书对冲刷防护的必要性、功能要求、设计原则以及冲刷监测方法进行了详细描述，并结合工程案例介绍了实施冲刷防护的技术路线。本书对被动冲刷防护措施以及主动冲刷防护措施进行了系统阐述，分析了相关措施在工程实际中的应用成效。

本书由王海龙、彭雪平、刘博、张继生、管大为、陈浩等组成团队编著完成，该团队长期从事海洋环境桩基局部冲刷理论、现场监测、数值模拟及物理模型试验研究和相关工程实践。本书编著过程中也得到了中国能源建设集团广东省电力设计研究院有限公司和河海大学相关科技人员的指导和资料支持，对本书做出了重要贡献，一并表示感谢。

虽然海上风电技术已问世几十年，但我国仍旧处于风力发电的起步阶段，对海洋地质条件、水动力条件、桩基基础形式与风机基础局部冲刷之间相互关系的研究依旧存在不足。笔者将在以后的研究中不断补充更新，以便读者掌握到更全面的海上风电基础冲刷的相关知识。

作　者

目 录

第1章
绪　论

1.1　研究意义

　　随着全球二氧化碳排放量增加，温室效应加剧，全球气候变化是当前人类面临的重要威胁。在此环境背景下，发展绿色环保可再生的能源成为全世界的共识。从而，"碳达峰、碳中和"这一概念进入了大众视野。所谓"碳达峰"，是指二氧化碳年排放的总量在某个时期达到历史最高值，达到峰值之后逐步降低；所谓"碳中和"，是指在一定时期内，通过各种方式抵消人为产生的二氧化碳。当前，越来越多的国家投身于"碳达峰"和"碳中和"事业。

　　传统火电行业中资源紧张、产能落后、能效低、环境不友好等弊端逐步显现。以煤炭、石油、天然气等化石能源为原料，燃烧过程中会产生大量的二氧化碳、二氧化硫、粉尘颗粒物等污染物，造成严重的环境污染，威胁人类社会的安全发展。而风能是一种清洁的可再生能源，与传统的燃煤发电相比，风力发电没有二氧化碳的排放，是十分理想的绿色能源。科学合理地利用风能，能够有效地缓解当前紧张的能源危机形势。因此，我国致力于改善能源结构，大力支持和鼓励新能源产业发展。2020年，我国首次提出："中国将提高国家自主贡献力度，采取更加有力的政策和措施，二氧化碳排放力争于2030年前达到峰值，努力争取2060年前实现碳中和"。为达到这两大目标，除了要在经济增长和能源需求增加的同时，加快产业低碳转型、促进服务业发展、强化节能管理、加强重点领域节能减排，还需要持续削减煤炭发电，用清洁能源代替火力发电。

　　随着国际社会对能源安全、生态环境以及气候异常等问题的日渐重视，减少化石能源燃烧，加快开发和利用可再生能源已成为世界各国的普遍共识。西方国家较早对风能进行利用，已经达到可与火力发电效率持平的水平。在19世纪末，丹麦便着手于研发风能发电技术。但直到1973年发生了世界性的石油危机，出于对石油资源短缺和化石能源发电导致环境污染的担忧，风电技术发展才重归社会视野。

　　追溯至20世纪90年代，瑞典安装了第一台试验性的海上风电机组，离岸距离为

350m，水深为6m，单机容量为220kW。1991年，丹麦在波罗的海的洛兰岛西北沿海建成了世界上第一个海上风电场，拥有11台450kW的风电机组，可为2000~3000户居民供电。2000年，兆瓦级风电机组开始应用于海上，海上风电项目初步具备了商业化的应用价值。2002年，丹麦在北海海域建成了世界上第一座大型海上风电场，共安装2MW风电机组80台，装机容量达160MW。随后，瑞典、德国、英国、比利时、法国等诸多欧洲国家陆续投入到海上风电场的建设中。根据欧洲风能协会官方网站Wind Europe最新发布的统计数据，欧洲在2018年共安装了260万kW海上风电，比2017年增长了18%，累计装机容量达到1850万kW。2019年，欧洲新增并网风电机组502台，海上风电场10座，其中7座全部并网，3座部分并网。

从社会经济角度分析，截至2016年，风电在美国已经超过传统水电成为第一大可再生能源。并在此前的7年时间里，美国风电成本下降了近66%。在德国，陆上风电已然成为能源体系中最为便宜的能源。伴随着风力发电的价格优势以及迅速发展的风电技术，完善的系统兼容性、稳定的风电机组运行以及更大的单机容量使得德国将固定电价体系改为招标竞价体系，实现彻底的风电市场化。2017年整个欧洲地区风电占电力消费比例达到11.6%，德国达到20.8%，英国为13.5%。其中丹麦风电占比持续增加4个百分点，达到44.4%，并可在风力高峰期将多余电力输送至周边国家。

根据欧洲与印度风能发展的成功先例，风电机组价格在竞争激烈的风能产业中开始下降以及国家政策的大力支持都在一定程度上证明了海上风电的发展潜力以及经济可行性。

我国对风能的利用相对较晚，对于风力发电的体系并不成熟，社会所需的电能主要依赖于火力发电。随着我国对风力发电发展的重视，风力发电规模有所提升。据国家能源局统计，我国在2018年风力发电累计并网容量为18426万kW，同比增长12.4%，占全部发电装机容量的9.7%，较2017年上升了0.5个百分点，占当年全部发电量（3660亿kW·h）的5.2%。截至2019年年底，全国风电累计装机2.1亿kW、同比增长14.0%。在新增装机容量方面，风电年度新增装机容量2574kW，同比上涨22%。在全国风电累计装机容量中，陆上风电累计装机容量达到2.07亿kW，占比为97%；海上风电累计装机容量593万kW，占比为3%。其中，2014—2016年，每年海上风电装机容量增长量分别为23万kW、36万kW及59万kW。在2017年突破了百万千瓦，达到了116万kW，为上一年度的两倍。2018年海上风电新增装机容量为165万kW，2019年达198万kW，增幅明显。2020年海上风电新增装机容量将突破200万kW。《中国"十四五"电力发展规划研究》规划在2025年，总装机容量达到53602万kW，其中海上风电达3000万kW，占比由2019年的不足3%增长到5.6%。

但风力发电与火力发电相比体量仍比较小。此外，在利用风能资源的发展过程中也逐渐暴露出一些问题，最主要的是风能资源的分布与电力荷载不匹配的问题：北方风能资源较为丰富而电力负荷较小；海洋风能储备量较大而陆地较少等。这些问题为合理布局风电场建设带来了阻力。

纵观我国海岸带平均风功率分布图，可以发现我国的近海风能储备较陆地更为丰富，更为均匀。中国陆地10m高度层的风能总储量为32.26亿kW，实际可开发的风能资源储量为2.53亿kW，近海风场的可开发风能资源是陆地的3倍。据此，我国可开发的风能资源约为 10 亿 kW。根据年有效风功率密度以及年风速不低于 3m/s 和 6m/s 将风能资源区进行分区,包含以下四种。

(1)风能资源丰富区。年有效风功率密度大于 200W/m²,3~20m/s 风速的年累积小时数大于 5000h,年平均风速大于 6m/s,主要分布在东南沿海、山东半岛、辽东半岛及海上岛屿等。

(2)风能资源次丰富区。年有效风功率密度为 150~200W/m²,3~20m/s 风速的年累积小时数为 4000~5000h,年平均风速在 5.5m/s 左右,主要分布在西藏高原中北部、东南沿海和三北地区的南部。

(3)风能资源可利用区。年有效风功率密度为 100~150W/m²,3~20m/s 风速的年累积小时数为 2000~4000h,年平均风速在 5m/s 左右,主要分布在两广沿海(包括福建 50~1000km 的沿海地带)、大小兴安岭山区和中部地区等。

(4)风能资源贫乏区。年有效风功率密度小于 100W/m²,3~20m/s 风速的年累积小时数小于 2000h,年平均风速在 4.5m/s 左右,主要分布在云贵川、甘南、陕西、湘西、鄂西和福建和两广的山区等。

我国近海 70m 高度年平均风功率密度均达到了 200W/m² 以上,大于 6m/s 的风速累积小时数为 4000h 以上。台湾海峡和东海南部海区风能资源最为丰富,年平均风功率密度达 500~1500W/m²,大于 6m/s 的风速累积小时数为 5000~7000h,年平均风速为 7~11m/s。北部湾海区年平均风功率密度达 200~600W/m²,大于 6m/s 的风速累积小时数为 4000~7000h,年平均风速为 6.5~10m/s。北部海区中,黄海中部、渤海中部和辽东湾海区风能资源也十分充足。渤海海区年平均风功率密度可达 200~500W/m²,大于 6m/s 的风速累积小时数为 4000~6000h,年平均风速为 6~9m/s。黄海海区年平均风功率密度可达 250~600W/m²,大于 6m/s 的风速累积小时数为 4000~6500h,年平均风速为 7~9.5m/s。

2007 年 11 月,中海油绥中 36-1 钻井平台试验机组(1.5MW)的建成运行标志着中国海上风电政策的正式起步。在此之前,我国风电一直处于环境准备的阶段。2009—2017 年是我国海上风电发展的萌芽时期,相关政策陆续出台,特别是 2016 年 11 月,国家能源局正式印发《风电发展"十三五"规划》,其中提出到 2020 年年底,我国海上风电并网装机容量达到 500 万 kW 以上,重点推动江苏、浙江、福建、广东等省的海上风电建设。自 2017 年我国海上风电发展进入黄金时期至今,我国东部以及南部沿海地区已有不同规模的海上风电场在运营规划之中。粤港澳大湾区作为我国的重点经济发展战略区之一,有着成为世界上最大海湾地区的发展潜力,同时在促进世界低碳和可持续发展方面扮演着重要角色。为响应国家可持续发展的号召,实现低碳能源的转型与减排,大湾区鼓励发展风能。阳江南鹏岛的离岸风电场(400MW)和阳江沙巴岛离岸风电场(300MW)已获核准,于 2020 年投入使用,再加上广东湛江外罗离岸风电场的建设,这些将为该地区电力输出提供有力保障,并优化其能源结构。此外,已被核准的大屿山风电计划将为香港的风能发展做出巨大贡献,进一步满足香港不断增长的电力需求。

江苏省作为我国的经济强省,位于我国沿海中部,风能资源非常丰富。以东台、如东、大丰为代表的市辖区盛行风 70m 高处平均风速可达到 8m/s,来风量大且稳定,且较浅的水深条件也有利于设备的安装。目前在江苏省已经建成投产的风电项目有:我国第一个潮间带试验电厂如东潮间带海上试验风电场（32MW），响水县近海并网运行的 5 台海上风机机组（12.5MW），如东一期、二期 100MW 海上风电场（图 1-1）。同时仍有大丰 300MW 海上风电场，响水 200MW 海上风电场处于在建和拟建阶段。

图 1-1　如东海上风电场现场

　　广东省处于亚热带和南亚热带海洋性季风气候区，冬、夏季季候风特征十分明显。全省拥有 4114km 海岸线和 41.93 万 km² 辽阔海域，港湾众多，岛屿星罗棋布。全省近海海域风能资源理论总储量约为 1 亿 kW，沿海海面 100m 高度层年平均风速可达 7m/s 以上，并呈现东高西低的分布态势，在离岸略远的粤东海域，年平均风速可达 8～9m/s 或以上；有效风功率密度不小于 200W/m² 的等值线平行于海岸线，沿海岛屿的风功率密度在 300W/m² 以上，粤东海域甚至可到 750W/m²。粤东海域风功率密度等级可达 5～6 级，粤西、珠三角海域为 3～4 级，呈现出自东向西递减、自近岸向海中递增的趋势。全省海域不小于 3m/s 的风速全年出现时间 7200～8200h，有效风力出现时间百分率可达 82%～93%，可利用有效风速小时数较高。因此，广东省沿海平均风速较大，风功率密度和风能利用小时数较高，湍流强度较低，风能资源丰富。

　　根据风能资源分布情况，《广东省海上风电发展规划（2017—2030 年）》综合考虑建设条件、产业基地配套和项目经济性等因素，广东省规划海上风电场场址 23 个，总装机容量 6685 万 kW。其中包括近海浅水区（35m 水深以内）海上风电场场址 15 个，装机容量 985 万 kW，其中粤东海域 415 万 kW，珠三角海域 150 万 kW，粤西海域 420 万 kW；近海深水区（水深 35～50m）规划海上风电场场址 8 个，装机容量 5700 万 kW，分布在粤东、粤西海域。作为粤港澳大湾区装机容量最大的海上风电项目——珠海金湾海上风电场（图 1-2），总容量为 300MW，已经于 2021 年 3 月完成了全部 55 台风电机组的安装工作。大力开展海上风电项目的建设，不仅节约了土地资源，而且充分利用了滩涂和风能资源，对调整能源结构、改善环境、保护生态具有积极的作用。

　　随着海上风电场的广泛建设，解决波流与桩基基础互相作用导致的桩基冲刷问题成为保障风机安全运行的关键。为了进一步合理安全地利用海洋风能，必须明确风电场建设对周围海洋环境的影响机制。

图 1-2 珠海金湾海上风电机组现场图

1.2 风电场分类及基础类型与运用

根据装机容量和变电站电压，将风电场工程规模划分为大型、中型、小型三类。当其装机容量和变电站电压所属等级不同时，工程规模应按较高等级确定，见表 1-1，参照《风电场工程等级划分及设计安全标准》(NB/T 10101—2018)。

表 1-1　　　风电场工程规模

工程规模	装机容量/MW	变电站电压等级/kV
大型	≥150	≥220
中型	50 (含) ～150	110
小型	<50	35

根据单机容量、轮毂高度和地基类型等风电机组可划分为甲级、乙级、丙级，风电机组地基基础设计等级见表 1-2。

表 1-2　　　　　　　　　　　　风电机组地基基础设计等级

设计等级	单机容量、轮毂高度和地基类型	设计等级	单机容量、轮毂高度和地基类型
甲级	单机容量不小于 2.5MW；轮毂高度大于 90m；复杂地质条件或软土地基；极限风速超过 IEC I 类的风电机组；海上风电机组基础	乙级	介于甲级、丙级之间的地基基础
		丙级	单机容量小于等于 1.5MW；轮毂高度小于 70m；地质条件简单的岩土地基

一般而言，海上风电机组由桩基础、下部结构、塔身、机舱和转子 4 部分组成（图 1-3），其中机舱和转子共同组成风机部分。风机基础按照结构型式有多种分类，如重力式基础、单桩基础、水下三桩基础、导管架基础、吸力桶基础、浮式基础等，如图 1-4 所示。我国海岸线漫长，近海水深条件不一，需要不同的桩基基础适应不同的水深。

重力式基础主要依靠其自身重力维持稳定性，大多数为钢筋混凝土结构，承载力小，制造工艺简单。由于重力大且作用集中，对地基承载力要求较高，主要适用于 0～10m 的浅水区域。世界上早期的海上风电场都是采用重力式基础结构，Thornton Bank 海上风电场是世界上第一个使用重力底座的商业海上风电场，如图1-5所示。

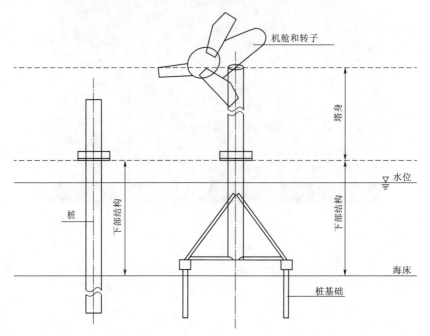

图1-3 海上风电机组及桩基结构示意图

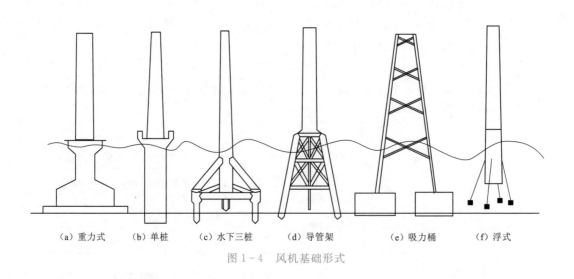

（a）重力式　（b）单桩　（c）水下三桩　（d）导管架　（e）吸力桶　（f）浮式

图1-4 风机基础形式

单桩基础适用的水深一般不会超过25m，而且构建的方式和结构相对来说比较简单，且受力均匀。根据地基条件可以用锤击或者钻孔的方式进行施工。由于施工成本较低，施工意外状况少，单桩基础是我国也是世界上应用最广泛的基础之一。截至2017年年底的累积数据显示，欧洲共有3270台单桩基础的风电机组，占总数的81.7%。国内代表工程有盐城东台项目、大连庄河项目；国外代表工程有英国London Array海上风电场（图1-6）等。

图 1-5　Thornton Bank 海上风电场

图 1-6　英国 London Array 海上风电场

　　群桩基础中应用比较多的是高桩承台基础，适用于水深 5～20m 的水域。群桩基础各单桩通常采用斜桩以抵抗水平位移以及结构受力，但是较长的桩基也使总体结构偏于厚重。除此之外还需针对波浪对承台的顶推作用采取加固措施。长期、持续的波浪作用将导致桩基承台在使用过程中发生明显、持续的振动，从而加剧承台的疲劳破坏降低系统的可靠度，同时波浪作用于承台结构上所导致的振动使海底桩周土弱化。因此，可以针对承台结构在波浪荷载、风荷载等作用下的频域和时域动力响应特性，获得承台的变形和内力变化规律，从而采取对应的加固措施以抵抗桩基结构稳定性退化。国内华电玉环海上风电项目风机基础采用了 8 桩高桩承台以抵抗强烈的涌浪作用，如图 1-7 所示。

　　三桩导管架基础为预制构件，三根桩呈等边三角形均匀布设，桩顶通过钢套管支撑上部三脚架结构，构成组合式基础（图 1-8）。该型式具有结构较轻、稳定性好的特点，也适用于 15～30m 水深较深的海域。代表工程国内有南通如东项目；国外有瑞典的 Noger-sund 项目、德国 Alpha Ventus 项目。

图 1-7　华电玉环海上风电
项目 8 桩高桩承台基础

图 1-8　德国 Alpha Ventus
三桩导管架基础型式

　　吸力桶基础又称为负压桶式基础，分为单桶及多桶吸力式沉箱基础，是一种新型的海洋下沉基础结构型式。吸力式基础适用于地质条件为砂性土或软黏土的各种水深条件。由于其材料安装成本低于桩承式基础，且易于海上运输和安装，故受到海上风力发电行业的

图1-9 广东省阳西沙扒
海上风电场吸力式桶型基础

青睐。到目前为止这种基础应用较少，国外有丹麦的 Frederikshavn（单桶型）、英国的 Abberdeen Bay（三桶型）。国内在广东省阳西沙扒海上风电项目中也使用了吸力式桶型基础（图1-9），吸力式基础有较大的发展空间。

浮式基础根据水深以及安装需求的不同可以分为张力腿平台（TLP）、单柱式平台（Spar）、半潜式平台（Semi）、驳船平台（Barge）四种类型，是一种漂浮于海面并和海床通过锚定作用相连的盒式作业平台（图1-10）。浮式基础一般适用于水深大于50m的水域。浮式基础极具发展潜力，目前国内在应用方面仍处于研究和尝试阶段，国外对浮式基础的应用也尚未成熟。荷兰的 Blue H Technologies 公司在2008年用离岸油井技术开发出世界第一台浮式风能发电机。2009年挪威在 Karmoy 海域建立了单柱式平台 Hywind。2013年日本建造了半潜式和 Spar 式基础的两个样机。2017年挪威石油的 Pilot Park 风电场成功安装了5台6MW的风电机组。浮式风电机组的应用仍处于起步阶段。

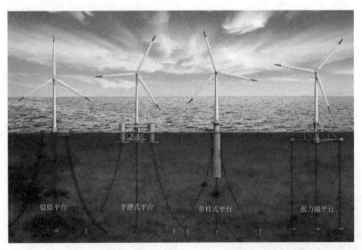

图1-10 浮式基础类型

我国海域面积较大，情况复杂，例如：渤海湾北部水域水深多小于15m，且纬度较高，常年受到冰荷载的作用，表层多为淤泥质，承载力小，底层沉积物以细砂为主，承载力大，宜采用桩式基础；黄河海域为黄河泥沙冲淤，多为淤泥质，承载力小，不宜采用重力式基础；东海平均水深5～15m，海域多为淤泥质软基底，不宜采用重力式和吸力式基础，宜采用桩式基础；南海北部湾及琼州海峡海底表层沉积物主要为颗粒较细的陆源碎屑堆积物，稳定性较差，依旧不宜采用重力式和吸力式基础。

1.3 冲刷案例与原因分析

海上风电场所处的环境条件十分复杂，风、浪、流等气象水文要素均会对风电机组产生较大的影响。在海洋动力的作用下，风电场建成以后桩基基础周边河床泥沙会产生大量的迁移，因此对风电机组桩基产生不同程度的冲刷。如果冲刷未能控制在一定的范围内，便会威胁到桩基基础的安全和稳定，影响其正常使用。由于海上风电基础的形状和工作环境与以往研究的桩基、桥墩冲刷相似，因此对海上风机基础冲刷的设计和预测常参考桩、墩的冲刷结果。

1.3.1 一般冲刷、收缩冲刷、局部冲刷

风电场建成后，除海床的自然演变外，还有基础和床面间隙压缩水流和墩台阻挡水流引起的冲刷。各种冲刷交织在一起同时进行，导致冲刷过程十分复杂。为了便于研究，一般将桩基冲刷分为一般冲刷、收缩冲刷和局部冲刷。

一般冲刷指的是桥梁下方的河床全断面或者风电场风机附近的海床断面发生的冲刷现象，该过程与桥梁、风机基础或者其他阻水建筑物无关。一般冲刷过程可以长期或者短期地影响海床形态的变化。一般冲刷相当于我国《公路工程水文勘测设计规范》（JTG C30—2015）中的"河床自然演变冲刷"。

收缩冲刷指的是由于河道中存在阻水物而引起整个河道宽度减小所造成的冲刷作用，对海上风电场的影响不明显。

局部冲刷指的是水流因受阻水物（海上风电基础、海底管线、海上钻井平台等）阻挡，在阻水物附近的水流结构发生急剧变化所导致的冲刷现象。研究表明，局部冲刷的深度往往较一般冲刷的深度大一个数量级，因此对局部冲刷的研究十分重要。

风机基础主要受到的局部冲刷，是由其与潮流或单向流之间相互作用引起的。目前研究认为，潮流作用下墩前水流边界层是充分发展的，且认为潮流引起冲刷的主要机理与单向恒定流相似，即为桩前下潜流、桩前马蹄涡及尾涡的综合作用。而与单向流不同的是，潮流周期或准周期性变化的流速及水深让桩基的冲刷过程具有多变性。

1.3.2 局部冲刷

局部冲刷会在基础附近形成冲刷坑，基于冲刷坑是否得到上游泥沙的补填，局部冲刷又可以分为定床冲刷和动床冲刷。

在定床冲刷情况下，近底流速大于泥沙的起冲流速但小于泥沙的起动流速，即希尔兹数 $\theta <$ 临界希尔兹数 θ_{cr}，基础上游未出现整体的泥沙移动。基础冲刷坑在持续冲刷的作用下逐步发展，在桩基周围的水流拖曳力恰好等于床底泥沙的起动拖曳力时趋于稳定；在动床冲刷的情况下，近底流速大于泥沙的起动流速，即 $\theta > \theta_{cr}$，随着水流作用增强，整个床面上开始出现泥沙输移，床底表面将形成沙纹→沙垄→平整→沙浪→急滩和深潭的变化过程。基础除了受到冲刷作用外，还会出现来沙补给，增加了冲刷过程的复杂性。当水流输入冲刷坑的泥沙量等于输出冲刷坑的泥沙量，达到动态平衡阶段。由于有来沙补给，动床

冲刷条件下基础周围的最大冲刷深度也比定床冲刷条件下小 10%。

在定床冲刷情况下，泥沙粒径与颗粒比重这两个因素对基础周边最大冲刷深度的影响较为明显。而在动床冲刷情况下，当基础冲刷坑处于冲刷平衡状态时，冲刷坑内泥沙的输入量和输出量大致相同，且泥沙粒径与颗粒比重对最大冲刷深度的影响并不明显。

1.3.3 无黏性泥沙冲刷和黏性泥沙冲刷

由于泥沙之间没有黏性力的作用，无黏性泥沙的堆积和运动均以颗粒的形式存在和进行，因此其冲刷机理与黏性泥沙相比，较为简单。对于无黏性泥沙，其所受的作用主要包括水流对其作用力和自身的有效重力。当水流对其作用力足够克服自身有效重力时便发生泥沙的起动和冲刷现象。

泥沙的起动是冲刷形成的先决条件，对于无黏性泥沙起动的判别标准主要有泥沙的起动切应力和起动流速。当 $\theta > \theta_{cr}$ 时，水流引起的切应力大于起动切应力，泥沙开始起动。而流速场和剪力场存在一定的关系，在已知泥沙起动切应力的情况下，考虑水流的流速分布就可得到起动流速。

黏性泥沙一般由黏土矿物、非黏土矿物、有机物和微生物等组成，泥沙颗粒间存在黏性作用，其堆积和冲刷大多以团的形式进行。与无黏性泥沙冲刷相比，其冲刷模式差距较大，机理较为复杂。目前，细粒黏性泥沙的冲刷行为主要分为 4 种模式，即絮凝体冲刷、表面冲刷、大量冲刷、混合和卷挟冲刷。

（1）絮凝体冲刷指的是一个或多个絮凝体在水流作用下脱离床面的行为，多发生在蓬松的床面表层。发生机理是絮凝体之间的连接处遭到破坏，常发生在 $0.5\tau_{cr} < \tau_b < \tau_{cr}$ 的动力较弱的水流中（其中 τ_b 为平均切应力，τ_{cr} 为临界剪切应力）。

（2）表面冲刷一般指几层颗粒或者絮凝体脱离床面的现象，冲刷机理是絮凝体骨架连接处的断裂。有学者指出，表面冲刷是由水流强度增强引发的。$\tau_b > 1.7\tau_{cr}$ 时发生连续的絮凝体冲刷，是一个较为缓慢的排水过程。

（3）大量冲刷指的是床面泥沙以块或团脱离床面而导致的冲刷现象，多发生在水流切应力大于床面泥沙不排水剪应力的情况，大量冲刷时冲刷速率较快，孔隙水来不及排走。大量冲刷是一种失稳现象，发生条件为 $\sigma > (2\sim5)C_u$，床面多为固结良好的泥沙，如常见的崖蚀冲刷（σ 为动态应力，C_u 为不排水剪强度）。

（4）混合和卷挟冲刷模式为当动力为波浪时周期性的波浪作用使床面泥沙发生液化现象。这种模式下泥沙表现得类似于液体，冲刷多以混合和卷挟的方式进行。

以上 4 种冲刷模式之间并不是互相排斥的关系，在一次冲刷过程中可能有多种模式同时存在。

1.3.4 实际工程冲刷案例

1.3.4.1 铜陵长江公路大桥局部冲刷

铜陵长江公路大桥由于桥墩的阻水及挤压作用产生了强烈的局部冲刷，2～3 年后河床形态针对水流条件逐渐趋于冲刷稳定，并经受了 1999 年洪水的考验。而三峡水库的建成使桥墩上游水体含沙量大幅度减少，最大可达到 70%，致使桥墩附近的河床在清水冲刷下形成新的冲淤平衡状态，桥墩冲刷坑深度逐渐变大。1994 年桥墩河床高程为－30.00m，2002 年 5 月达到－33.00m，2013 年 8 月达到－33.80m。若桥墩床面高程下降至－36.60m，桩外侧底部的钢围堰将全部暴露在水体中（图 1-11），影响大桥的正常运行。因此若不施加有效的保护措施，使得桩基受到长江洪水的继续冲刷，极可能发生危险。目前国内学者纷纷对遏制冲刷坑的继续发展进行深入研究，从消能减冲和护底抗冲两方面提出诸多建议。

图 1-11　铜陵长江公路大桥

1.3.4.2　苏通大桥桩基局部冲刷

　　苏通大桥位于江苏南通与常熟之间，是沈海高速的重要通道。苏通大桥所处水域位于徐六泾，水文条件恶劣，风暴潮问题突出，水流湍急。由地质条件决定，苏通大桥桩基为典型的摩擦桩。摩擦桩主要靠桩基与土体之间的摩擦提供承载力，因此苏通大桥桩基对布局冲刷异常敏感。而 2007 年 10 月—2010 年 10 月，苏通大桥下游振华港机、新江海河闸至海太汽渡段实施围垦，根据河床监测结果，此次围垦使大桥北引桥 49 号～51 号桥墩周边产生一定的冲刷。2010 年 10 月—2013 年 9 月上游侧至通常汽渡段的围垦使河道局部断面缩减同时产生挑流作用，使北引桥 54 号～64 号桥墩产生明显冲刷。2016 年，对苏通大桥区域水下地形进行 1∶200 的大比例尺地形测量的结果表明，49 号、51 号～53 号、59 号～64 号桥墩最深点高程已经超过最大冲刷线高程，实测最大冲刷深度基本都达到了 7m 以上，有 5 个桥墩附近实测最深点高程距离设计最大冲刷线高程不足 2m，继续冲刷将会对大桥的稳定性造成威胁压护。

　　以冲刷防护结构安全可靠耐久，河床变形的自适应能力，充分考虑施工中不可避免的不精确抛投对防护效果的影响，容许施工过程中出现少量偏差，遭受局部破损后可以进行修复为原则。实际冲刷防护工程采用护底抗冲措施，并将防护区分为中心防护区和护坡两部分，具体防护方案采用双层防护结构：上层为护面层，用于抗冲压护；下层为反滤层，用于保土排水并填平桥墩冲刷坑。事实证明，苏通大桥所使用的分层次大面积冲刷防护方案是科学、有效的，效果显著地防止了群桩基础内部的冲刷，对于维持桩基础稳定性有突出效果。

1.3.4.3　连云港某海上风电场局部冲刷

　　2021 年 5 月，通过利用多波束测深系统"海卓 MS8200"对江苏省连云港市东南某海上风电场进行冲刷扫测。主要勘测的风电机组为 48 台，南北宽约 6500m，东西长约 8000m，由西南至东北逐渐变深，浅水区域水深 3m 左右，深水区域水深可以达到 12m 左右，主要检查了桩基 100m 范围内的冲淤情况。

　　受流速流向的影响，冲刷坑在基桩西侧和南侧较为明显，冲坑较为严重的地方南北长 29m，东西宽 16.5m，进行不规则面积计算得出该冲刷坑面积为 602m²，冲坑比桩基表面深 0.8m，随着使用年限的增加，冲刷会越来越明显，是较为严重的安全隐患。

1.3.4.4 东海某风电场基础冲刷

位于东海大桥西侧海域，海域水深 9.9～11.9m，以软土地基为主，风机基础采用高桩混凝土承台，每个风机设置一个基础。工程基础分两节，下节为直径 14.00m、高 3.00m 的圆柱体，上节为直径 11.00m、高 1.5m 的圆台体；每个基础设 8 根直径 1.70m、斜率 5.5∶1 的钢管桩。

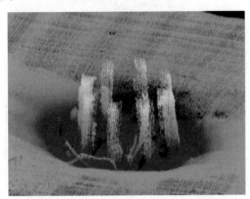

图 1-12　风电机组水下结构三维点云图

现场采用了 R2Sonic 2024 进行风电机组水下地形扫测，并利用侧扫声呐进行风机基础周边的海床面地形地貌调查。风机水下 8 根钢管桩轮廓清晰，基础周边因水流动力的作用形成了明显的冲刷坑，如图 1-12 所示。冲刷坑整体呈椭圆形，长半轴为东西向，长约 34m，短半轴为南北向，长约 27m。其中冲刷坑最深处约为 5m，很大程度上降低了桩基的承载力，增大了基础所受水流作用力，给基础稳定性带来了很大危害。

1.4　研究方法

桩基或者墩基础在波流作用下，造成基础周围土体的冲刷，减小基础的埋深，从而降低了结构稳定性。在实际工程针对这一问题的研究方法主要有两大类：一类是物理模型试验；另一类是数值模拟试验。

1.4.1　物理模型试验

桩基基础的冲刷过程涉及不同粒径泥沙的起动以及和水流间相互作用的过程，其相互作用机理往往十分复杂。而物理模型因具有形象直观、概念明确的特点，是目前研究基础冲刷问题最有效的手段。物理模型试验分为现场试验和室内波流水槽试验，前者更贴近实际工程但水力条件以及结构形式单一，且操作困难，应用较少；后者虽然在比尺确定及颗粒选择方面存在困难，但是具有可调节性以及较高的可行性，是目前应用较为广泛的研究手段。

对于物理模型试验，模型相似准则较为重要。在研究桩基冲刷的物理模型中，模型的主要矛盾是泥沙的黏性相似条件和重力相似之间的矛盾，因此波流水槽模型主要满足重力相似准则，即

$$\frac{V_m}{\sqrt{gL_m}}=\frac{V_p}{\sqrt{gL_p}} \tag{1-1}$$

式中　　V——物体速度；

　　　　L——物体长度；

下标 m、p——模型和原型；

g——重力加速度。

相似准则适用于一般的波流水槽模型试验,当模型的宽度较大时,以上准则将导致模型各方向比尺不一的问题,此时宜采用全沙模型相似律进行设计。

除了进行比尺的率定外,还需要进行泥沙参数和水力参数的确定,即通过筛分法对泥沙颗粒进行分析,使泥沙的级配满足相关研究的规定,并根据相关泥沙起动公式对所选泥沙进行起动流速的估算。

完整的波流水槽试验设备主要包括波流水槽(包括造波机以及消能装置)、沉沙池、所研究的基础模型(主要与尺寸相关、宜选耐久好的材料)、测量设备(包括流速仪、浪高仪等)。根据所设计的试验方案布置试验设备,控制水力及泥沙条件,进行物理模型试验。

1.4.2 数值模拟试验

随着计算机技术的发展,对桩基冲刷数值模拟也逐步发展。与物理模型相比,数值模拟不需要考虑比尺问题,不需要建立物理模型,可以极大地减少成本,且可以获得更全面、更精确的信息,因此数值模拟在基础冲刷中具有很大的应用空间。

关于数值模拟的方法,根据控制方程的不同可以分为有限元法、有限体积法和有限差分法等。而桩基冲刷过程中波流、海床土体以及桩基基础之间的相互作用极其复杂,无法通过简单直接的计算方式实现,只有运用数值计算模型才能解决。目前较为常用的数值计算模型有多物理场数值仿真计算模型和计算流体力学模型。多物理场数值仿真计算模型的建立常通过计算软件 COMSOL Multiphysics 来实现,它具有人为定义颗粒运动规则的特性。在流体模块中也具有强大的多物理场处理能力,在研究流场变化的同时也可以进行试验目标所需要的固流耦合计算。FLOW-3D 为计算流体力学模型的常用软件,软件设有五种常用的紊流方式(零方程的普朗克长度混合模型、一方程混合模型、标准的 k-ε 模型、RNG k-ε 模型和大涡仿真模型)可供使用者选择,功能强大,操作简单,结果直观,被广泛运用于水利、船舶等领域。

国内学者利用数模对海上风电桩基的冲刷展开了广泛研究,郭春海利用模型针对单桩的冲刷模拟展开研究如图 1-13 所示,其中计算区域高度为 $2D$,前后宽度为 $5D$,模型长度为 $20D$,计算域分为两块,固体域和流体域,即分别为泥沙域和水域。计算结果表明

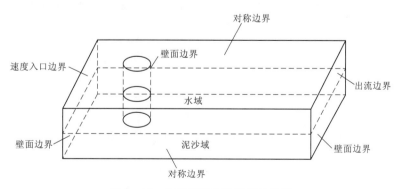

图 1-13 单桩基础的数值模拟模型

该模型成功模拟了单桩基础的冲刷过程以及沙床表面的速度场和压力分布。

杨娟等利用 Flow 3D 开展了单桩基础、三桩导管架基础和高桩承台基础冲刷的三维数值模拟研究,其中三桩导管架基础 3 根桩沿直径 24m 的圆周围均匀分布,单桩直径 2.7m,中间导管架直径 5.5m;高桩承台基础的 8 根桩布置承台底部沿 16m 直径的圆周围,单桩直径 2.0m。本次模型计算范围长度设为 80m、宽 45m、高 16m,设置结构物在模型的中心,设置控制水深 6.77m,基于此模型分析了基础周边的流场及冲刷过程。唐冬玥和赵鸣考虑了流动变向,采用 RNG 湍流模型,根据水流作用下泥沙起动、搬运和沉积方程建立了双向流下单桩基础三维冲刷数值模型。

参 考 文 献

[1] 张雪伟. 2019 年上半年欧洲海上风电新增装机 1927MW [J]. 风能,2019 (10):46-47.

[2] 孙绪廷,杨丹良,马纯杰. 海上风电基础研究现状与可持续发展分析 [J]. 山西建筑,2019,45 (18):64-65.

[3] 杨奎祥. 环保节能:风能发电的发展及应用 [J]. 区域治理,2019 (47):37-39.

[4] 袁春光. 海上风电基础最大冲刷深度研究 [M]. 北京:人民交通出版社,2020.

[5] 王国松,高山红,吴彬贵,等. 我国近海风能资源分布特征分析 [J]. 海洋科学进展,2014,32 (1):21-29.

[6] 黄海龙,胡志良,代万宝,等. 海上风电发展现状及发展趋势 [J]. 能源与节能,2020,177 (6):51-53.

[7] 周硕彦. 综合经济可行性、市场趋势、技术与补贴政策之风能发展策略分析 [R]. 粤港澳大湾区绿色发展报告,2020.

[8] 杨洪亮. 浅谈国内外海上风电基础型式与发展趋势 [J]. 中国战略新兴产业,2018,172 (40):28.

[9] 贾晓辉,关辉. 浅谈国内外海上风电基础型式与发展趋势 [J]. 中国设备工程,2017,12 (371):131-132.

[10] 闻云呈,薛伟,闫杰超,等. 潮流对桥墩局部冲刷影响研究综述 [J]. 水道港口,2021,42 (2):141-156.

[11] 詹磊,董耀华,惠晓晓. 桥墩局部冲刷研究综述 [J]. 水利电力科技,2007,33 (3):1-13.

[12] 曹海燕. 铜陵长江公路大桥桥墩局部冲刷及安全防护实践 [J]. 治淮,2020 (10):48-50.

[13] 何超. 苏通大桥桥墩冲刷防护工程研究 [J]. 现代交通技术,2020,17 (3):46-49.

[14] 陈超,祝捍皓,陈政威,等. 多波束与侧扫声呐在海上风电场水下结构冲刷检测中的综合应用. 海洋技术学报,2020 (39):6.

[15] 窦国仁. 河口海岸全沙模型相似理论 [J]. 水利水运工程学报,2001 (1):12.

[16] 梁发云,王琛,张浩. 深水桥梁群桩基础冲刷机理及其承载性能演化 [M]. 上海:同济大学出版社,2021.

[17] 郭春海,杨旸,陈希良,等. 海洋平台桩基冲刷的数值研究 [J]. 水动力学研究与进展,2015 (30):39.

[18] 杨娟,朱聪,蔡丽,等. 海上风电场不同结构形式桩基局部冲刷数值模拟 [J]. 人民长江,2020,51 (9):155-161.

[19] 唐冬玥,赵鸣. 潮流作用下风电塔单桩基础冲刷数值模拟 [J]. 结构工程师,2020,36 (6):158-164.

第 2 章
小直径单桩基础冲刷

在河流水力学中，桥墩冲刷是桥梁破坏的重要原因之一。已有大量科学研究关注于桥墩冲刷问题，且致力于研究保护桥墩基础免受冲刷的技术。根据 Briaud 等统计，最近 30 年以来，美国约 60 万座桥梁中，损坏的 1000 多座桥梁中有 60％因冲刷导致。美国有超过 8.5 万座桥梁受冲刷影响（约 8 万座为易冲刷和约 7000 处于冲刷临界点）。近年来有两部关于桥墩冲刷的著作。其一是 1991—1998 年水资源工程会议中所包含的发表的 371 篇摘要和 75 篇论文。其二是 Melville 和 Coleman 借鉴了新西兰的冲刷经验，对许多冲刷案例进行分析总结所编撰的。

虽然桩基础是海洋工程中常见的基础型式，常用于与桩支撑的海上/沿海结构物（如海上平台、码头、海上风力发电厂等），但海洋环境中针对桩周冲刷的研究不及桥墩冲刷广泛。这是由于在波浪作用以及波流组合作用下，更为复杂的水动力条件和冲刷过程造成的研究困难。

根据研究可知，在海洋环境中，波浪作用下的桩周流动一般可分为两种状态（分别对应两种冲刷过程）：第一种，桩直径太小导致水流分开，从而形成了分离涡，这种工况被定义为小直径单桩状态；第二种，桩直径较大以至于水流处于未分离的流动状态，此时分离涡是不存在的，但同样可以观测到冲刷现象。在这种情况下的冲刷现象显然与上述分离涡机制以外的因素有关。这种情况被称为大直径桩工况。

当桩径 D 相比波长 L 较小时，可视为小直径单桩工况。否则，桩的存在将影响波浪传播，引起波浪衍射。研究普遍认为当 $D/L > 0.1$ 时，衍射效应变得更为显著。

本章重点分析位于水流、波浪（规则波/不规则波）和波流组合下的小直径单桩基础的冲刷过程。

2.1 单桩桩周流动特性

桩周水流示意图如图 2-1 所示。其中 U 为床边界层外缘的速度（即自由流速度），S 为与床面边界层相关联的分离线。当垂直圆形桩放置在海床上时，桩周水流受到结构物的阻截作用将不断发生变化。首先，在桩迎流侧形成一个马蹄涡；其次，桩背流侧会形成流动漩涡，实际中多以涡流脱落的形式存在；再次，桩侧边缘的流线会发生收缩；此外，由于桩体的阻挡作用，水流在桩前减速分离，从而产生下降流。在桩径较大的情况下，如 $D/L>0.1$ 时，可能存在衍射效应。

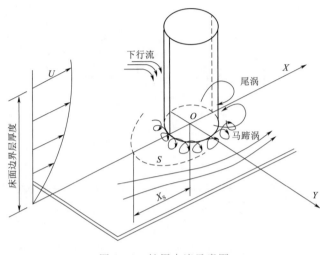

图 2-1　桩周水流示意图

在可侵蚀海床条件下，桩体周边水流结构改变和流态变化将增加局部泥沙输移，进而导致桩周局部冲刷。

2.1.1　恒定流中马蹄涡

马蹄涡是由来流的旋转引起的。由于结构的存在产生了逆向压力梯度，桩上游海床边界层发生分离（沿图 2-1 中虚线 S）。随后出现了分离边界层，在结构周围形成螺旋涡，然后涡流在下游逐渐消失。

前人对恒定流条件下（风流、河流等）马蹄涡结构的研究较广泛。目前有较多可视化技术可用于观察马蹄涡，例如 Schwind 和 Baker 采用的风洞中的烟雾技术和 Dargahi 采用的水中氢气泡技术。此外，部分研究针对马蹄涡下部的压力和速度进行了测量。在 Hjorth 和 Baker 的研究中，根据测量的速度分布图计算得出马蹄涡下床面剪应力的分布。后续研究表明，相对于其原状值，床面剪应力将被放大 5～11 倍。这表明了马蹄涡对于冲刷过程的重要性。

根据图 2-1，产生马蹄涡的两个必要条件是：①必须存在流入边界层（厚度为 δ）；②桩的存在引起强度足够大的逆向压力梯度，使得床面边界层能够发生分离，从而产生马蹄涡。从量纲的角度来看，描述恒定流条件下的马蹄涡主要取决于 $\dfrac{\delta}{D}$、Re_{D}（或者 Re_{δ}）、桩的几何形状，有

$$Re_{D}=\frac{UD}{v}$$

$$Re_{\delta} = \frac{U\delta}{v}$$

式中　δ/D——床面边界层厚度与桩直径的比值；

　　　Re_{D}——桩的雷诺数；

　　　Re_{δ}——床面边界层雷诺数。

这里涉及雷诺数影响床面边界层的分离作用（即图 2-1 中沿虚线 S 的分离），进而影响马蹄涡。以下将单独分析每个参数对小直径单桩基础冲刷的影响。

2.1.1.1　δ/D 的影响

研究发现当 δ/D 较小时，床边界层的分离现象将延缓出现，即在入射流边界层中的速度分布更加均匀，如图 2-2（a）所示，这将导致马蹄涡的尺寸较小，δ/D 较大如图 2-2（b）所示。对于非常小的 δ/D，边界层甚至可能不会发生分离现象，因此不会形成马蹄涡。

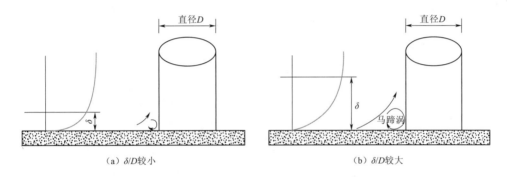

图 2-2　边界层厚度对马蹄涡的影响

图 2-3 显示了在距离圆柱形桩体中心线 X_{S} 处马蹄涡的尺度参数和 δ/D 的关系，论证了前文关于边界层厚度与桩径比与马蹄涡尺寸的关系，δ/D 越小，马蹄涡尺寸随之越小。

2.1.1.2　雷诺数的影响

类似于 δ/D 的效应，如果分离层流边界层的雷诺数较小（即黏度较大）时，边界层的分离也将延迟出现，边界层将面对更大的分离阻力。因此分离现象延迟出现，导致马蹄涡尺寸较小。在雷诺数值非常小时，边界层甚至可能不会出现分离现象。因此，对于非常小的雷诺数工况来说，可能不会出现马蹄涡。

在分离层流边界层的情况下，Baker 测量了距离桩中心 X_{V} 处马蹄涡的变化。类似 X_{S}（图 2-3），X_{V} 是马蹄涡的代表性长度尺寸。Baker 的测量结果如图 2-4 所示，其中 δ^{*} 是未扰动位移边界层的厚度，即

$$U\delta^{*} = \int_{0}^{\infty} (U-u)\,\mathrm{d}y \tag{2-1}$$

图 2-4 清楚地展示了前文给出的论述：对于一个给定边界层厚度与桩直径之比 δ^{*}/D，雷诺数越小，X_{V}/D 越小，因此马蹄涡尺寸越小。

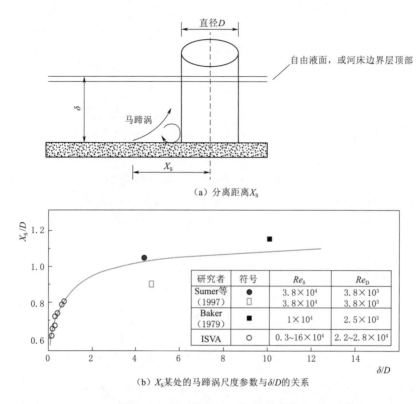

（a）分离距离 X_S

（b）X_S 某处的马蹄涡尺度参数与 δ/D 的关系

图 2 - 3　分离距离与 δ/D 的关系函数

　　未扰动位移边界层示意图如图 2-5 所示。然而，对于分离的湍流边界层，雷诺数的作用可能相反，即随着雷诺数的增加，马蹄涡的尺寸可能会减小。这是由于在湍流边界层存在分离延迟的影响，流体层之间发生动量交换的规模随着雷诺数的增加而增加。本章将结合数学模型，对桩周边的水流和冲刷过程进行深入讨论。

2.1.1.3　桩体横截面形状的影响

　　桩体几何形状显著地影响着由桩引起的逆向压力梯度。研究发现，具有流线型横截面的结构诱发的逆向压力梯度较小，而具有交叉角的正方形桩产生的逆向压力梯度较大。显然，在前一种工况条件下的马蹄涡尺寸相对较小。Sumer、Christiansen 和 Fredsøe 通过测量给出了当 $Re_D = 3.8 \times 10^4$ 时，三种不同几何形状桩工况下的分离距离 X_S，即圆形桩

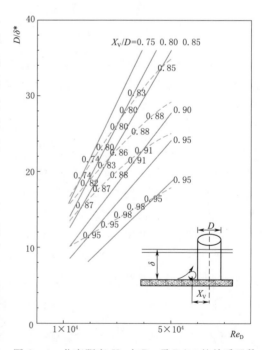

图 2 - 4　分离距离 X_V 与 Re_D 及 D/δ^* 的关系函数

（$\delta/D=10$）、90°方向的方形桩（$\delta/D=10$）和 45°方向的方形桩（$\delta/D=7$）。图 2-6 明确地表明了桩体几何形状是影响马蹄涡形成和发展的重要因素，研究发现具有流线型横截面的桩引起的马蹄涡尺寸较小。

2.1.1.4　桩高的影响

前面叙述的桩高认为是无限长的。在桩高有限长的情况下，由于桩身的存在而产生的逆向压力梯度以及由此产生的马蹄涡会受到桩身高度的影响。桩高越小，逆向压力梯度越小，马蹄涡尺寸也就越小。在 $Re_{\delta^*}=9.5\times10^3$、$\delta^*/D=0.066$时，分离距离与相对桩高的关系如图 2-7 所示。图中所示的数据清楚地揭示了这一规律。

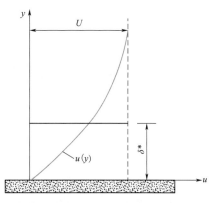

图 2-5　未扰动位移边界层示意图

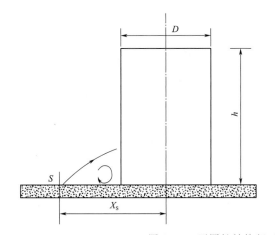

图 2-6　不同桩结构相对分离距离示意图

桩结构		X_s/D
▨	方形（90°）	1.2
◉	圆形	1.1
◈	方形（45°）	0.97

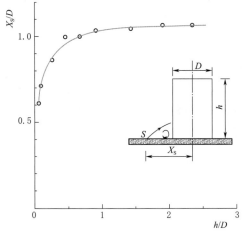

图 2-7　分离距离和相对桩高关系示意图

当矩形柱体的横断面尺寸 L 相对于高度 H 很大时，马蹄涡分成了更小的横向涡流。Chou 和 Chao 的测量表明马蹄涡首先在横向流动中演变成波浪形结构。对于 $L/D\geqslant10$ 的情况，波浪形马蹄涡本身将分成更小的规则涡流。分支涡的数量随着矩形柱体横断面长宽比的增加而增加。

马蹄涡的另外两个特征为：①层流马蹄涡与湍流马蹄涡；②马蹄涡下的床面剪应力。

1. 层流马蹄涡与湍流马蹄涡

对于非常小的 δ/D 和 Re_D，马蹄涡处于层流状态。Baker 指出层流马蹄涡系统在完全变

成湍流前发生振荡。Baker 通过试验指出，所谓的初级振荡（即分离流动系统振荡）首先出现在一临界点，即

$$Re_D(\delta^*/D)^{1/2}=800 \qquad (2-2)$$

而所谓的二次振荡（涡流核心的二次振荡）首先出现在

$$Re_{\delta^*}=150 \qquad (2-3)$$

其中，Re_{δ^*} 为基于边界层厚度 δ^* 的雷诺数（图 2-5 为 δ^* 的定义），即

$$Re_{\delta^*}=\frac{\delta^* U}{v} \qquad (2-4)$$

需要注意的是，图 2-3 和图 2-4 中参数 Re_D 和 δ^*/D 描述的马蹄涡状态远远超过了式（2-3）、式（2-4）中的临界状态。对于实际工况中遇到的边界层厚度、桩直径比以及雷诺数符合这样特征的马蹄涡通常处于湍流状态。

2. 马蹄涡下的床面剪应力

图 2-8 显示了沿主轴 x 轴测量的平均床面剪应力，以未扰动的平均海床剪应力为基础进行无量纲化，即 $\bar{\tau}/\bar{\tau}_\infty$。（后者以及本章同类型符号的平均表示恒定流和波浪作用下的时均值）。图 2-8 中 x/D 在 -1 至 -0.5 范围内，桩前马蹄涡下的床面剪应力可以达到未受扰动时床面剪应力的 5 倍或更多。尽管图中实心圆形符号（最小边界层厚度与桩直径比）所对应的数据表明其马蹄涡比另外两个工况下小，但数据量较少。从图 2-8 中很难看出 Re_D 和 δ^*/D 对床面剪应力本身的影响。

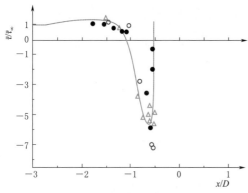

符号	δ/D或δ^*/D	Re_D	研究者
△	$\delta/D=10$	3.8×10^3	Sumer
○	$\delta/D=4.4$	8.6×10^3	(1997)
●	$\delta^*/D=0.1$	2.6×10^3	Baker（1979）

图 2-8　桩体马蹄涡侧的床面剪应力（$x=0$ 与桩轴线重合）

图 2-9 显示了在 $D=7.5\,\mathrm{cm}$，$v=30\,\mathrm{cm/s}$，$\delta=20\,\mathrm{cm/s}$，$\delta/D=2.7$，$Re_D=2.3\times10^4$ 的工况条件下，桩体周边整个床层区域的 $\bar{\tau}/\bar{\tau}_\infty$，由此可见床面剪应力的放大效应。图中显示了床面剪应力的放大范围是桩前边缘和侧边缘之间的位置，放大系数可达 11。马蹄涡的组合作用和桩侧边缘附近的流线压密效应将有效地放大床面剪切应力。显然，如上所述床面剪应力的增加效应会引起桩前和桩侧的泥沙发生剧烈运动。在可侵蚀床面条件下，放大的床面剪应力使得结构物周边的床面在相当短的时间内形成冲刷坑。

2.1.2　波浪作用下的马蹄涡

在波浪作用下，除了前文中给出的参数之外，需要增加一个额外的参数，即 Keulegan-Carpenter 数，简称 KC 数。KC 数的定义为

$$KC = \frac{U_m T_\omega}{D} \tag{2-5}$$

式中　U_m——未受扰动振荡速度的最大值；

　　　T_ω——波浪周期。

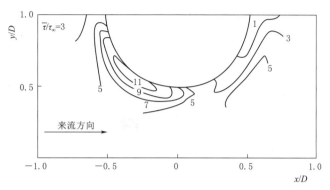

图 2 - 9　床面剪应力的放大效应

假设振荡速度呈正弦变化，即

$$U = U_m \sin(\omega t)$$
$$a = U_m T_\omega / (2\pi)$$
$$\omega = 2\pi / T_\omega \tag{2-6}$$

式中　a——床层水质点未受扰动的振荡幅值；

　　　ω——角频率；

　　　D——桩体直径。

KC 数可以表示为

$$KC = \frac{2\pi a}{D} \tag{2-7}$$

式中，KC 数与 $2a/D$ 成正比，$2a$ 为水粒子在床面层处的振荡运动位移。因此，较小的 KC 数意味着水质点绕轨道运动的位移相对于桩径很小。当 KC 数很小时，马蹄涡甚至无法形成。这是由于振荡运动强度不够，不足以使来流床面边界层发生分离（沿着图 2 - 1 中的虚线 S）。

　　对于非常大的 KC 数，水质点运动冲击强度非常大，以至于每半个周期内振荡运动类似于恒定流作用。因此，对于如此大的 KC 数，可以预期马蹄涡的表现形式与在恒定流工况下的马蹄涡运动非常相似。Sumer 等研究了关于 KC 数的各种流量特征。

2.1.2.1　马蹄涡的作用

　　图 2 - 10 显示了 Sumer 等针对波浪作用下桩周马蹄涡的研究结果。图中 $\omega t = 0°$ 对应到轨道流速在床层处的上跨零点（$\omega t = 0° \sim 180°$ 是波峰半周期，$\omega t = 180° \sim 360°$ 是波谷半周期）。图 2 - 10 中两个半周期之间的不对称是由于波浪的不对称性导致的。图中 $KC < 6$ 时桩周没有形成马蹄涡。

　　对于图 2 - 10 所示试验中的 $Re_D = 10^3$，桩表面的流动在 $KC = 1$ 时分离。桩前的流动

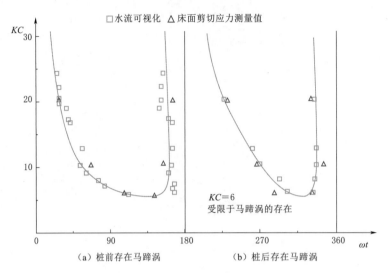

（a）桩前存在马蹄涡　　　　　　（b）桩后存在马蹄涡

图 2-10　马蹄涡相位分布示意图

在 $KC=6$ 时发生分离，比桩表面流动分离所需的 KC 高很多。在 KC 数低于 6 时，逆向压力梯度抑制了桩前边界层的分离。利用势流理论，沿 x 轴的桩前压力梯度可以写成

$$\frac{\partial p}{\partial x}=\frac{1}{2}\frac{\rho}{D}U^2\left[1-\frac{1}{4(x/D)^2}\right]\left[\frac{1}{(x/D)^3}\right] \tag{2-8}$$

类似地，利用势流理论的桩表面压力梯度可以写成

$$\frac{\partial p}{\partial x'}=-8\frac{\rho}{D}U^2\sin(2x'/D)\cos(2x'/D) \tag{2-9}$$

式中　x'——从驻点到桩表面的距离，如图 2-11 所示。

从式（2-8）和式（2-9）可以发现，桩前逆向压力梯度最大值［式（2-8）］比桩表面逆向压力梯度值［式（2-9）］小 5 倍。这说明了桩前涡流分离现象延迟出现，直到 KC 数达到 6 才可观察到分离，比桩表面上的流动分离所需的 $KC=1$ 大得多。

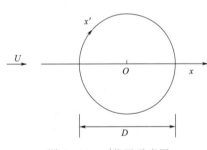

图 2-11　x' 位置示意图

Sumer 等也研究了桩的横截面形状和叠加水流对马蹄涡的影响。结果表明，对于 90°方向的方桩，当 KC 数大于 4 时存在马蹄涡。这显然与桩前产生的逆向压力梯度有关。方形桩的逆向压力梯度比圆形桩的逆向压力梯度大。因此，对于方截面桩，在 KC 数较小的工况下就出现了马蹄涡。

叠加水流的影响表明：随着流速的增加，马蹄涡存在的临界 KC 数会减小。这同样与逆向压力梯度有关，即随着流速的增加，逆压梯度越来越大。值得注意的是，在 Sumer 等的研究中，波浪边界层处于层流状态，这通常是在试验室底部光滑的波浪水槽中模拟真实波浪时的情况。目前关于湍流入射波浪边界层影响的研究较为缺乏。同样，波浪作用下

较大雷诺数Re_D对马蹄涡的影响也是未知的。

2.1.2.2 马蹄涡的生命周期

当KC数为10.3时,水流流向改变后的一段时间内首次出现了马蹄涡［图2-12(b),第2帧］,它在半周期内存在一段时间［图2-12,第2～4帧］,最后消失［图2-12,第5帧］。当水流再次反转时,马蹄涡再次消失。实际上马蹄涡随着流向反转而发生破坏［图2-12,第5帧］。而在桩的另一侧,一个新的马蹄涡将出现在下一个半周期。

如图2-10所示,随着KC数的增加,马蹄涡得以保持的相位跨度ωt越来越大。换言之,马蹄涡的生命周期随着KC数的增加而增加。例如,对于$KC=10$,马蹄涡首先出现在$\omega t=50°$处,并且在$\omega t=160°$时消失,它的生命周期为$110°$。而对于$KC=25$,马蹄涡出现和消失的相位分别是$23°$和$160°$,对应的马蹄涡生命周期为$137°$。由此可见,随着KC数的增加,马蹄涡的寿命与以下事实有关:随着KC数增加,形成马蹄涡所必需的逆向压力梯度在半周期内保持的时间将越来越长。这是由于水质点振荡幅度随着KC数的增加而增加。

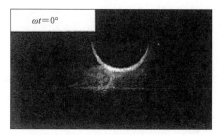

(a) $\omega t=0°$时马蹄涡示意图

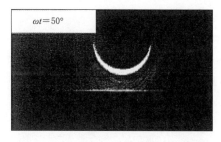
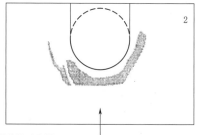

(b) $\omega t=50°$时马蹄涡示意图

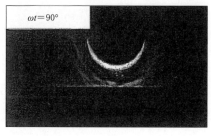
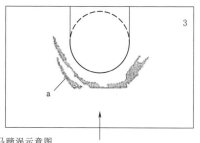

(c) $\omega t=90°$时马蹄涡示意图

图2-12(一) 马蹄涡随时间发展进程

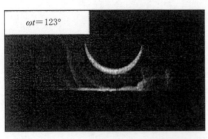
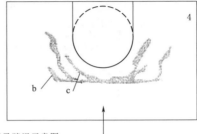

（d）$\omega t=123°$时马蹄涡示意图

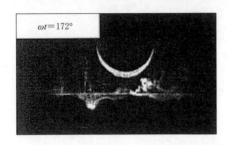
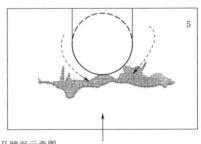

（e）$\omega t=172°$时马蹄涡示意图

图 2-12（二）　马蹄涡随时间发展进程

a、b、c—马蹄涡形态标号

Sumer 等也研究了横截面形状对马蹄涡生命周期的影响。研究发现马蹄涡的生命周期在方形桩的工况下比在圆形桩的工况下更长。对于 KC 数较小的工况，这种差异尤其明显。同样，马蹄涡的生命周期也随着波流环境中流速的增加而增加。

2.1.2.3　分离位置

图 2-13 显示了以桩径为基础进行无量纲化的分离距离与 KC 数的关系。X_S 是相位 ωt 的函数，图 2-13 中分别给出了圆形桩和方形桩在 $\omega t=90°$ 和 270°时的数据。两个半周期之间的差异归因于波浪两个半周期之间的不对称。如图所示，X_S 首先随着 KC 数的增加急剧增加，然后在 $KC\rightarrow\infty$ 时趋于接近它的渐近值（恒定流速值）。图 2-13 中 $KC=\infty$（恒定流条件下）时数据分散的原因可能是雷诺数效应。

Sumer 等发现横截面形状对分离距离 X_S 影响的重要性。整体趋势与恒定流工况大致相同（图 2-6）。叠加的恒定流也对分离距离有重要影响，即随着流速的增加，分离距离 X_S 显著增加。

2.1.2.4　马蹄涡下的床面剪应力

图 2-14 显示了在相位值 $\omega t=90°$ 和 $\omega t=270°$时，床面剪应力沿 x 轴的变化。图 2-15 显示了在顺流方向上，距离桩上游边缘流 $0.1D$ 处的 KC 数与马蹄涡下方床面剪切应力放大效应的关系，显示了床面剪应力随着 KC 数的增加而增加，其中 $\bar{\tau}$ 为平均床面剪应力，$\bar{\tau}_\infty$ 为水流作用下平均未扰动床面剪应力，$\bar{\tau}_m$ 为波浪作用下最大未扰动床面剪应力平均值，这是马蹄涡随着 KC 数增加而增加的直接结果（图 2-10 和图 2-13）。在图 2-15 中，由于雷诺数效应，恒定流作用下 $KC=\infty$ 时数据分散。如图 2-4 所示，雷诺数越大，分离距离越远，因此马蹄涡下的床面剪应力越大。图 2-15 中恒定流作用下的数据分布验证了这一规律。

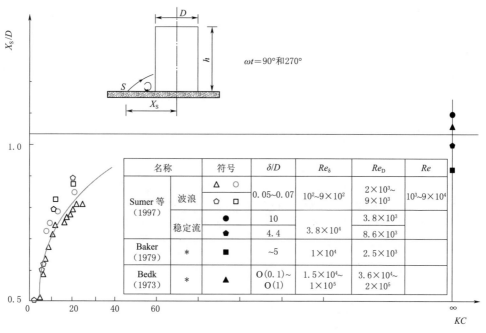

图 2-13 圆形桩涡流分离距离与 KC 数关系示意图

名称		符号	δ/D	Re_δ	Re_D	Re
Sumer 等（1997）	波浪	△　○ ⬠　□	0.05~0.07	10^2~9×10^2	2×10^3~9×10^3	10^3~9×10^4
	稳定流	●	10	3.8×10^4	3.8×10^3	
		⬟	4.4		8.6×10^3	
Baker（1979）	*	■	~5	1×10^4	2.5×10^3	
Bedk（1973）	*	▲	$O(0.1)$~$O(1)$	1.5×10^4~1×10^5	3.6×10^4~2×10^5	

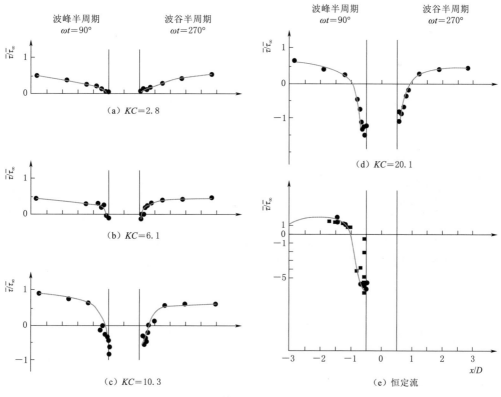

图 2-14 桩体马蹄涡侧的床面剪应力

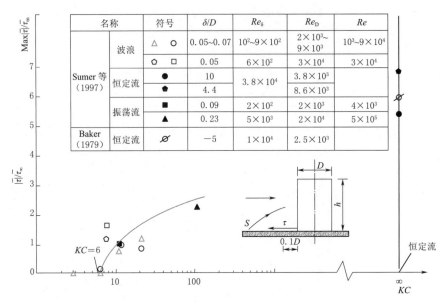

名称		符号	δ/D	Re_δ	Re_D	Re
Sumer 等 （1997）	波浪	△　○	0.05~0.07	10^2~9×10^2	2×10^3~9×10^3	10^3~9×10^4
		⬠　□	0.05	6×10^2	3×10^4	3×10^4
	恒定流	●	10	3.8×10^4	3.8×10^3	
		⬟	4.4		8.6×10^3	
	振荡流	■	0.09	2×10^2	2×10^3	4×10^3
		▲	0.23	5×10^3	2×10^4	5×10^5
Baker （1979）	恒定流	∅	—5	1×10^4	2.5×10^3	

图 2-15　KC 数与马蹄涡床面剪应力放大效应关系图

图 2-16 描述了同一位置处 KC 数与马蹄涡下床面剪应力分量均方根值的关系。非零的均方根值意味着马蹄涡不处于层流状态。从图中可以推断出马蹄涡向湍流转变发生在 KC 数处于 10 和 20 之间的某个值。回顾 KC_s 对应的入射波边界层发现，试验中 KC_s 对应的入射波边界层都处于层流状态。

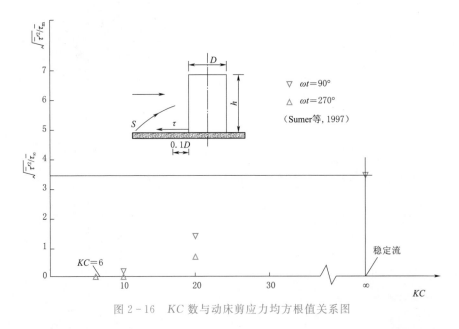

图 2-16　KC 数与动床剪应力均方根值关系图

图 2-16 表明马蹄涡向湍流的过渡不仅由 δ/D 和 Re_D 决定，而且与 KC 数有关。显然，来流边界层的状态也是马蹄涡向湍流转化的一个重要影响因素。然而，目前还没有关

于马蹄涡转变为湍流的控制参数（即 δ/D、Re_D 和 KC 数以及来流边界层中的湍流强度）的相关研究。

最后可以注意到，图 2-16 中显示的流态转变与 Baker 定义的转变标准［式（2-2）和式（2-3）］高度一致。

2.1.3　尾涡

尾涡是由水流在桩表面边界层旋转引起的。从桩侧边缘产生的剪切流在桩的背流侧形成漩涡（图 2-1）。在恒定流的作用下，尾涡主要由 Re_D、桩的几何尺寸决定。

描述波浪作用下尾涡的无量纲量主要取决于 KC、Re_D、桩的几何尺寸。

在桩表面粗糙时，相对粗糙度 k_S/D 表示为公式前面参数中的附加参数。其中，k_S 为桩表面的粗糙度。与恒定流工况不同，在波浪工况下的尾涡对于冲刷特性研究是必不可少的。

迄今为止，大量研究重点关注在振荡流影响下自由圆柱体后侧的涡流，相关详细叙述另见 Sumer 和 Fredsøe，使得各种状态下复杂的漩涡运动被广泛研究。这些研究表明涡流主要由 KC 数控制。

Sumer 等研究了当垂直圆柱体固定在海床时 KC 数对尾涡的影响。参考前文所描述的马蹄涡，Sumer 等确定了以下涡流状态：

（1）当 $2.8 \leqslant KC < 4$ 时，桩后侧分离产生一对对称的涡，如图 2-17（a）所示。当水流反向时，这些涡流在桩周被冲蚀。

（2）当 $4 \leqslant KC < 6$ 时，涡流的对称性被破坏，但涡流仍然附着桩体，即还不存在涡流脱落，如图 2-17（b）所示。

（3）当 $6 \leqslant KC < 17$ 时，出现涡流脱落现象，其中每个半周期有一个旋涡脱落，如图 2-17（c）所示。这个状态对应于 Williamson 在二维正弦平面振荡流研究中的单对状态。

（4）当 $17 \leqslant KC < 23$ 时，再次出现涡流脱落现象，但现在每半个周期有两个涡流脱落，这将导致每半个周期桩后尾涡的长度增加，如图 2-17（d）所示。这个状态对应于 Williamson 在二维正弦平面振荡流研究中的双对状态。

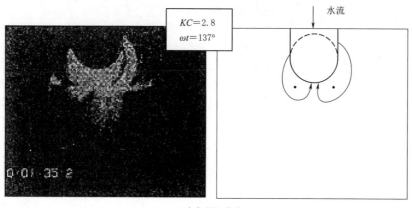

（a）$KC = 2.8$

图 2-17（一）　近床面处尾涡示意图

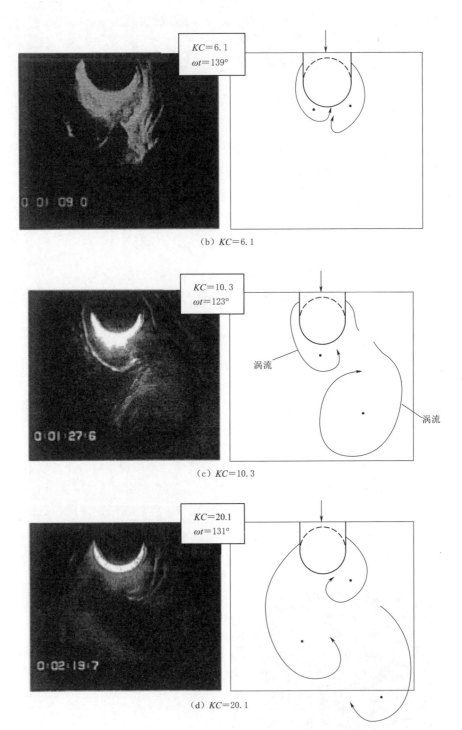

（b）$KC=6.1$

（c）$KC=10.3$

（d）$KC=20.1$

图 2-17（二）　近床面处尾涡示意图

　　显然，桩周水体流动状态通常与二维自由圆柱体暴露于正弦流动时所经历的状态一致，这归因于极小的波浪边界层厚度 $[\delta/D=0.05]$。因此，涡流形态实际上不受三维流动的影响。尽管在 Sumer 等研究中没有采用 KC 数低于 2.8 的工况进行测试，但是前述结果表明，在 KC 数小于 1 的工况下流动是未分离的，类似于自由圆柱体的情况（图 2-14 和图 2-15）。

2.1.4 流线收缩

床面剪应力放大效应示意图如图 2-18 所示，流线收缩作用可以由床面剪应力等值线图表示。在桩侧边缘处或附近存在一个床面剪应力集中区域。可见在波浪作用下，床面剪应力的放大效应相对于其未扰动值为 $\alpha=4$，而在恒定流的作用下放大效应值是 $\alpha=10$（图 2-9）。在恒定流工况下（图 2-9），床面剪应力放大效应的增加与马蹄涡的存在有关，与图 2-9 所论述的相一致。

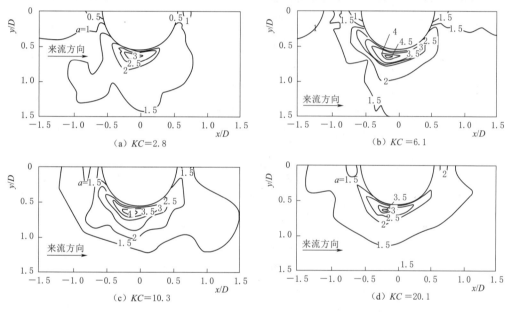

图 2-18 床面剪应力放大效应示意图

2.2 单桩基础冲刷

2.2.1 恒定流作用下小直径单桩基础冲刷

在恒定流作用下，影响冲刷过程的关键因素是马蹄涡。结合桩侧边缘流线收缩的影响，马蹄涡会侵蚀桩附近的床面泥沙（见图 2-8 和图 2-9 中马蹄涡下方床面剪切应力的放大部分和流线收缩的床面区域处），导致桩周出现截顶锥状的冲刷坑（图 2-19、图 2-20、图 2-21）。图 2-22 所示工况为桩径 $D=10\text{cm}$，水深 $h=40\text{cm}$，边界层厚度 $\delta=20\text{cm}$，平均流速 $v=46\text{cm/s}$，泥沙中值粒径 $d_{50}=0.26\text{mm}$，内摩擦角为 $30°$。通过观察表明，虽然冲刷坑的上游坡度为 $32°$，与泥沙内摩擦角接近；但是由于重力影响，下游坡度相对较缓，坡度为 $23°$。

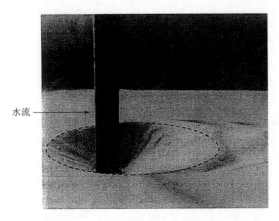

图 2-19　清水冲刷工况下冲刷坑示意图

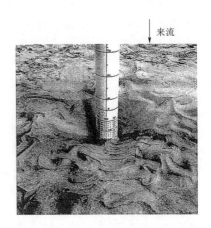

图 2-20　动床冲刷的冲刷坑（Roulund 等，2002）

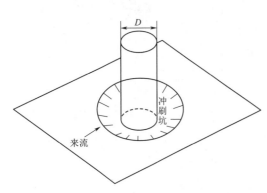

图 2-21　垂直单桩周围的冲刷坑

Hjorth；Melville；Breusers，Nicollet 和 Shen；Ettema；Melville 和 Raudkivi；Raudkivi 和 Ettema；Ettema；Imberger，Alach 和 Schepis；Raudkivi 和 Ettema；Chiew，Raudkivi，Chiew 和 Melville；Melville 和 Sutherland；Melville 和 Dongol；Melville 和 Raudkivi；Ettema，Melville 和 Barkdoll；Melville 和 Chiew 以及其他学者对恒定流中桩基桩周的冲刷进行了广泛地研究（特别是在桥墩的冲刷方面）。对这一内容的综述可以在 Breusers 和 Raudkivi、Hoffmans 和 Verheij、Whitehouse、Raudkivi、Melville 和 Coleman 等的文章中找到。

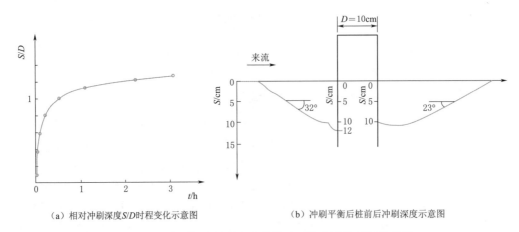

（a）相对冲刷深度 S/D 时程变化示意图

（b）冲刷平衡后桩前后冲刷深度示意图

图 2-22　冲刷深度时程变化曲线及平衡冲刷纵剖面示意图

前面所述的研究表明了冲刷深度受到多重因素的影响，如 Shields 参数、泥沙级配、边界层厚度与桩径比、泥沙粒径与桩径比、形状因子等。下文对每个参数进行单独研究分析。

2.2.1.1　Shields 参数

图 2-23 示意性地说明了冲刷深度随 θ 改变而发生变化。对于清水冲刷（$\theta < \theta_{cr}$），冲刷深度随着 θ 的增大而增加，与管线周边海床冲刷的规律类似。对于动床冲刷，在 θ 值刚超过临界值时，冲刷深度在到达一个最大值后略有下降。这是由于床面泥沙开始在整个河床上运输，从上游流入的泥沙回填了冲刷坑，然而回填量往往较小。随着 Shields 参数的进一步增加，冲刷深度达到第二个峰值，即动床峰值。其中第二个峰值大约发生在向平床泥沙运输的过渡期，即在层流体系的开始阶段 $[\theta = O(0.5)]$。

图 2-24 转载自 Melville 和 Sutherland，说明在不同的几何标准差 σ_g 值下，无量纲化的冲刷深度 S/D 与速度比 U/U_{cr} 的关系。其中 U 为平均来流流速，U_{cr} 为在未受扰动的情况下，床面开始运动时的平均来流流速。文献中的参数 U/U_{cr} 或 θ/θ_{cr} 是交替使用的。在图 2-24 中，U/U_{cr} 代替 θ/θ_{cr} 以研究其与冲刷深度的关系。总体来看，图 2-24 中显示的数据验证了图 2-23 所示的变化规律。

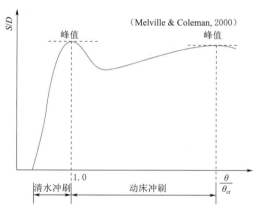

图 2-23　均匀泥沙条件下 Shields 参数和冲刷深度的关系

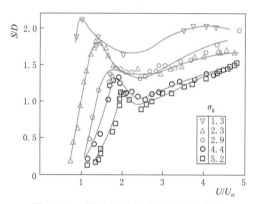

图 2-24　泥沙级配与冲刷深度示意图

2.2.1.2　泥沙级配

Ettema 的研究表明，随着几何标准变化 $\sigma_g = d_{84}/d_{50}$（代表泥沙分级）的增加，冲刷深度大大减少。Ettema 的试验都是清水试验，然而，Baker（1986）的动床试验（图 2-24）表明冲刷深度的减少幅度并不是很大。图 2-24 中的第一个峰，即阈值峰（图 2-23），是逐渐向右移动的。这是由于临界起动速度随着泥沙级配的增加而增加。

图 2-24 显示泥沙级配分布范围越大，冲刷深度越小，这是由泥沙粗化作用造成的。从图 2-24 中可以看出，泥沙粗化作用在清水冲刷工况下最为明显。例如，对于 $U/U_{cr} = 1.5$，当 $\sigma_g = 1.3$ 时，冲刷深度 S/D 约为 2；而当 σ_g 从 1.3 增加到 5.2 时，冲刷深度 $S/D = 0.3$，冲刷深度大大减少。

2.2.1.3　边界层厚度与桩径比

边界层厚度 δ 与桩径 D 的比值也是一个影响冲刷程度的重要因素。图 2-25 体现了 Melville 和 Sutherland 收集的数据。在图 2-25 中，S 是冲刷深度，S_0 是 $\delta/D(\delta/D\geqslant4)$ 所对应的冲刷深度。图 2-25 表明，冲刷深度 S 随着 δ/D 的增加而增加。这是由于 δ/D 对马蹄涡有一定影响：δ/D 增大，马蹄涡尺寸随之增大（图 2-2），从而冲刷深度也越大。

2.2.1.4　桩体尺寸与泥沙尺寸比

由 Melville 和 Sutherland 编制的数据在图 2-26 中被再次引用（这些数据最初来自 Ettema 和 Chiew 的研究）。在图 2-26 中，S_0 是 D/d_{50} 的值所对应的冲刷深度（$D/d_{50}\geqslant$ 50）。数据显示，相对于桩体尺寸，较大的泥沙尺寸将限制冲刷深度。在泥沙粒径与桩体尺寸相当的极端情况下，桩附近的流动（包括马蹄涡）将被泥沙颗粒"破坏"，从而造成冲刷深度的减少。由图所示，当 $D/d_{50}\geqslant50$ 时，泥沙尺寸的影响可忽略不计。

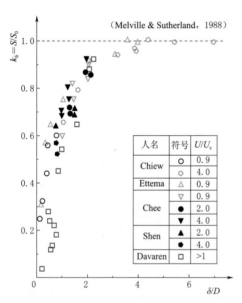

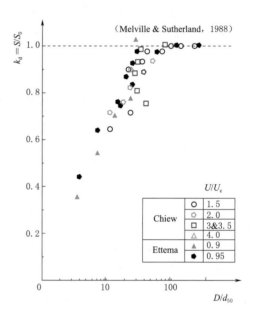

图 2-25　边界层厚度与冲刷深度关系示意图　　图 2-26　泥沙与桩体尺寸比与冲刷深度的关系图

2.2.1.5　形状因子

桩的横截面形状对桩基冲刷深度的影响起重要作用。Sumer、Christiansen 和 Fredsøe 发现，可以以桩径为基础将冲刷深度无量纲化，即 S/D。其中在圆形桩情况下，$S/D=$ 1.3；而在方形桩（90°方向）的情况下，$S/D=2.0$。这是由于马蹄涡大小（马蹄涡越大，冲刷深度越大，如图 2-26 所示）的影响，还有部分是由于桩体周围分离区的平面范围（此区域越大，冲刷深度越大）。在后一项研究中发现 45°方向方形截面的冲刷深度比 90°方向方形截面桩的冲刷深度略小。

Melville 和 Sutherland（1988）汇编了有关形状效应与冲刷程度关系的数据，见表 2-1。其中形状因子由 $K_s=S/S_0$ 定义，其中 S_0 为圆形桩条件下的冲刷深度。在该表中，Ⅰ代表

Tison；Ⅱ代表 Laursen 和 Toch；Ⅲ代表 Chabert 和 Engeldinger；Ⅳ代表 Venkartadri 等。

表 2-1 形状因子 K_s

平面形状	长宽比	Ⅰ	Ⅱ	Ⅲ	Ⅳ
圆形	1.0	1.0	1.0	1.0	1.0
透镜形	2.0	—	0.97	—	—
透镜形	3.0	—	0.76	—	—
透镜形	4.0	0.67	—	0.73	—
透镜形	7.0	0.41	—	—	—
抛物线形	—	—	—	—	0.56
三角形，60°	—	—	—	—	0.75
三角形，90°	—	—	—	—	1.25
椭圆形	2.0	—	0.91	—	—
椭圆形	3.0	—	0.83	—	—
尖顶形	4.0	—	0.86	—	0.92
Joukowski 形	4.0	—	—	0.86	—
Joukowski 形	4.1	0.76	—	—	—
矩形	2.0	—	1.11	—	—
矩形	4.0	1.4	—	1.11	—
矩形	6.0	—	1.11	—	—

2.2.1.6 桩高

还有一个形状因素是桩的高度。当桩的高度不是无限大时，马蹄涡的形成将受到影响（图 2-7）。此时相对于无限桩高条件下，马蹄涡尺寸较小，从而冲刷深度将受到影响。图 2-27 揭示了这一点：桩的高度越小，马蹄涡的尺寸越小（图 2-7），导致冲刷深度也越小。图 2-27 中的数据可以用经验关系表示为

$$\frac{S}{S_0} = 1 - e^{-0.55\frac{h}{D}} \qquad (2-10)$$

式中　　h——桩的高度；

S_0——桩高无限长工况下的冲刷深度。

尽管数据有限，但分析表明当 $h/D \geqslant O(5)$ 时，因桩高度有限，其对冲刷深度的影响基本不存在。

【例 2.1】石块周围冲刷深度

一个高度近似等于其直径的桩可以视为一块石头。从图 2-27 来看，这种情况下的冲刷深度将是 $S/D \approx 0.65$，其中 S_0 取为 $1.3D$，见式（2-11）。用球体做同样的试验，得到的冲刷深度为 $0.15 \sim 0.45$（动床工况，$\theta > \theta_{cr}$），

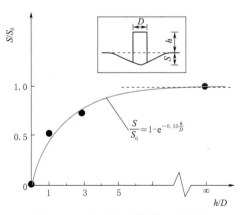

图 2-27 桩高与冲刷深度关系图
(DHI/Snamprogetti, 1992)

如图 2-29 所示。尽管这些结果是建议性的，但石头周围的冲刷深度可以被认为是 S/D $=O(0.5)$。此外，将管道的自埋效应与石头的自埋效应进行类比，石头在恒定流中的自埋深度可以取为 $e/D=O(0.5)$。

2.2.1.7　校准因子

图 2-28 为来源于 Laursen 的校准因子与冲刷深度关系图。这里 $K_\alpha=S/S_0$，其中 S_0

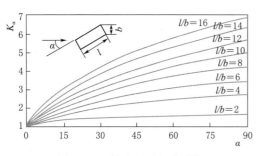

图 2-28　校准因子与冲刷深
度关系图（Laursen，1958）

为 $\alpha=0$ 时入射方向的冲刷深度。该图表明，对于圆形以外的截面形状，入射角的影响相当重要。冲刷深度的增加与桩所产生的逆向压力梯度有关。入射角越大，逆向压力梯度越大，马蹄涡尺寸越大，因此冲刷深度也越大。也可参照 Ettema、Mostafa、Melville 和 Yassin 的讨论。

在上述因素中，边界层厚度与桩尺寸之比、形状因子和排列因子都与水流有关。2.1 节的分析表明，雷诺数 Re_D 也是影响水流的另一个因素，对冲刷深度有一定的影响。

参考文献中提到圆形桩周边相对冲刷深度范围，动床冲刷的 S/D 可达 1～2.5，实际冲刷范围受到前面提到的参数影响。根据 Breusers 等的研究数据，Sumer 等对冲刷深度进行统计，并得出

$$\frac{S}{D} \text{的平均值} = 1.3，\text{且} \sigma_{S/D} = 0.7 \tag{2-11}$$

这是针对动床冲刷（$\theta > \theta_{cr}$）工况所得出的结论，将 $S/D=1.3+\sigma_{S/D}=1.3+0.7=2$，或者 $S/D=1.3+2\sigma_{S/D}=1.3+2\times0.7=2.7$ 作为动床冲刷时相对最大冲刷深度的设计目标。

Melville 和 Sutherland 采用 $S/D=2.4$ 作为动床冲刷工况下的相对冲刷深度值，其中也考虑了泥沙级配的影响。Sutherland 根据最大的冲刷深度（即 $S/D=2.4$），提出了一种估算冲刷深度的设计方法。将诸多影响因素进行简化合并，有

$$\frac{S}{D}=K_I K_\delta K_d K_s K_\alpha \tag{2-12}$$

其中

$$\text{当} \frac{U-(U_a-U_{cr})}{U_{cr}} > 1，K_I=2.4 \tag{2-13}$$

$$\text{当} \frac{U-(U_a-U_{cr})}{U_{cr}} < 1，K_I=2.4 \left| \frac{U-(U_a-U_{cr})}{U_{cr}} \right| \tag{2-14}$$

式中　U_a——粗化峰值处的平均来流速度，$U_a=0.8U_{ca}$；

　　　U_{ca}——平均来流速度，超过此流速可忽略河床粗化的影响。

每种泥沙都有特定的 U_a 和 U_{cr} 值。如果泥沙级配均匀，或表现为均匀，则 $U_a=U_{cr}$。否则，U_a 需要按照 Melville 和 Sutherland 在限制性护壁条件下的规定进行计算。式（2-12）

中 K_δ 如图 2-25 所示，K_d 如图 2-26 所示，K_s 详见表 2-1，K_α 如图 2-28 所示。

2.2.1.8 黏性泥沙的冲刷深度

建立在黏性泥沙（如黏土）上的桩周海床冲刷是另外一个重要课题。问题关键在于黏土的冲刷比砂土慢得多，为 0.1～100cm/h。因此即使在 100 年一遇的洪水条件下，也可能不会达到冲刷平衡状态。由此可见，冲刷程度随着时间发展的研究变得很重要。考虑冲刷时程变化可以避免局限于最大冲刷深度的研究，因此对最大冲刷深度的估值往往较为保守。为此，Briaud 等开发了一种方法，称为 SRICOS（黏性土体的冲刷率），用于预测圆柱形桥墩周围的冲刷深度时程曲线，如图 2-29 所示。该桥墩位于恒定流中，并建立在均匀的黏性土体中。

Briaud 等在宽度为 46cm 的小水槽中设置直径 $D=2.5\sim7.6$cm 的模型墩，在宽度为 153cm 的大水槽中设置了 $D=7.6\sim22.9$cm 的模型墩，共进行了 42 组试验。试验选用了四种不同性质的土：三种黏性土和一种砂质土。小水槽的水深在 $25\sim40$cm 之间，大水槽的水深在 $16\sim40$cm 之间，水流速度在 $20\sim83$cm/s 之间。

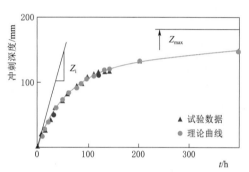

图 2-29　黏性土体中冲刷深度时程曲线

在图 2-29 中，冲刷过程极其缓慢，即使在 $t=400$h 时，冲刷深度也没有达到平衡状态（如图 2-20 和图 2-22）。Briaud 等用双曲线近似地描述了图 2-29 的变化，即

$$z(t)=\left[\frac{1}{\dot{z}_i}+\frac{t}{z_{\max}}\right]^{-1}t \tag{2-15}$$

式中　　z——冲刷深度；

$z_{\max}$——最大冲刷深度（渐近线的纵坐标）；

$\dot{z}_i$——冲刷深度与时间关系曲线的初始斜率，即初始冲刷率，符号上的点表示时间导数。

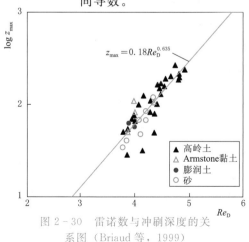

图 2-30　雷诺数与冲刷深度的关系图（Briaud 等，1999）

Briaud 等将以这种方式获得的 $z_{\max}$ 值与雷诺数绘制成图（图 2-30），将该图中的数据表示为

$$z_{\max}=0.18\,Re_D^{0.635} \tag{2-16}$$

将 $z_{\max}$ 与各种参数做了对比，发现当 $z_{\max}$ 与 Re_D 作对比时可得到最理想的关系。值得注意的是，图 2-30 中的砂和黏土是分布在同一条曲线上的，表明了无论床面泥沙为何种类别（砂或黏土），最大冲刷深度都是一样的。尽管两种泥沙对应的冲刷过程时间尺度有很大的不同，但平衡冲刷

深度却无显著差异。这可能是由于水流效应（即马蹄涡、流线收缩和尾涡）对两种性质的海床土体作用是相同的。因此，当冲刷过程达到平衡时，最终效应也是相同的。Briaud 等提出了一个针对砂质海床冲刷深度的经验方程，且该经验方程同样适用于黏土工况。

在洪流工况下，得出了冲刷深度随时程变化关系曲线的步骤如下：

（1）收集桩体附近的泥沙样本。Briaud 等建议采用直径为 76.2mm 的薄壁取样器进行泥沙取样。

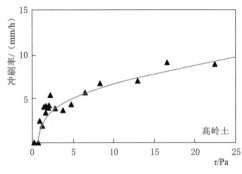

图 2-31　冲刷率与剪应力关系图

（2）对土体样品进行测试，得到侵蚀率$\dot{z}$和床面剪应力的关系曲线。对应的案例如图 2-31 所示。Briaud 等建议对床面剪应力进行侵蚀功能装置（EFA）"标准"试验。然而，这些试验也可以在普通的水槽设施中实现，或者在旋转的"库埃特流"设施中实现，前提条件是可以准确测量床面剪切应力。在普通水槽中测量床面剪应力，可以在相应的光滑刚性床面试验中使用齐平安装的热膜，方法与 Sumer 等所描述的一样。

（3）当床面为平面时，确定在冲刷过程开始时存在于桥墩周围的最大床面剪应力$\tau_{\max}$。为此，可参考与图 2-9 类似的图表，或使用 Briaud 等给出的关系，即

$$\tau_{\max} = 0.094 \rho V^2 \left(\frac{1}{\lg Re_D} - \frac{1}{10} \right) \tag{2-17}$$

（4）获得与$\tau_{\max}$相关的初始冲刷率$\dot{z}_i$，即初始冲刷将发生在$\tau = \tau_{\max}$的位置处。若要确定初始冲刷率$\dot{z}_i$，参考步骤（2）中建立的$\dot{z}$与τ的关系图，并选择对应于$\tau = \tau_{\max}$的$\dot{z}$值。

（5）根据式（2-15）计算洪水持续时间t时的冲刷深度。$z_{\max}$可根据式（2-16）计算。

【例 2.2】预测在黏性泥沙中，结构物基础冲刷深度数值的案例

一个直径为 2m 的桥墩经历 4 天的洪水作用，洪水速度为 2m/s。根据现场回收的黏土样品，得出了图 2-31 中描述的$\dot{z}$与τ之间的关系，利用式（2-17）可以计算在冲刷开始前桥墩周围的最大剪应力。

$$\tau_{\max} = 0.094 \times 1000 \times 2^2 \times \left[\frac{1}{\lg \frac{2 \times 2}{10^{-6}}} - \frac{1}{10} \right] = 19.4 (\text{N/m}^2)$$

其中初始冲刷率$\dot{z}_i$的值可从图 2-31 中根据$\tau_{\max}$得出，即

$$\dot{z}_i = 8.5 \text{mm/h}$$

最大冲刷深度$z_{\max}$由式（2-16）可得

$$z_{\max} = 0.18 \times \left(\frac{2 \times 2}{10^{-6}} \right)^{0.635} = 2803 (\text{mm})$$

4 天后的冲刷深度由式（2-15）可得

$$z(t=4d)=\left(\frac{1}{8.5}+\frac{4\times24}{2803}\right)^{-1}\times4\times24=632(\mathrm{mm})$$

可见，冲刷深度为 63.2cm，仅占最大冲刷深度 2.8m 的 22.5%。

2.2.2 波浪作用下小直径单桩基础冲刷

在波浪作用下，近底水流发生了两个主要变化：首先，马蹄涡发生了实质性的变化，如 2.1.2 节中所述。其次，近底水流不再呈现一个"被动"的流动特征，相反，图 2-32 为 $KC=10$ 和 $KC=13$ 时方桩周边的水流动态。近底旋涡作为一种对流机制，在水流运动的每半个周期内将被扰动的泥沙运离桩体。从 2.1 节可知，这两个过程由 KC 数主导，其公式为

$$KC=\frac{U_{\mathrm{m}}T_{\omega}}{D}\tag{2-18}$$

因此，冲刷过程本身也会受到相同参数的控制。

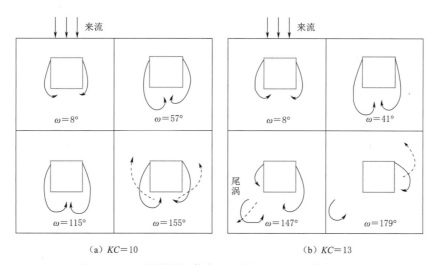

图 2-32　方桩周围流体状态示意图（Sumer 等，1993）

Sumer 等、Kobayashi 和 Oda 证明 KC 数是控制动床（$\theta>\theta_{\mathrm{cr}}$）上冲刷过程（以及冲刷深度）的主要参数。

Sumer 等为了进一步研究桩的几何形状对冲刷的影响，采用了一个圆形桩和一个方形桩（后者有两个不同的方向，即 90°和 45°）进行对比分析。Sumer 等的主要发现之一为冲刷开始与涡流脱落开始是吻合的。当 KC 数达到 3（45°方向的方桩）、6（圆桩）和 11（90°方向的方桩）时，桩周土体发生冲刷。

据观察，冲刷过程是以下列方式发生的：水流将泥沙颗粒扫入脱落涡的核心，如图 2-32（b）所示。随后涡流将泥沙颗粒带离桩体，同时将其对流到下游，从而导致桩体周围出现净冲刷。在没有涡流脱落的情况下，桩后形成的涡流 [图 2-32（a）] 将泥沙颗粒带入其核心区域，但不会将泥沙带离桩。因此桩周围的平均净冲刷量为零。Sumer 等将

净冲刷的"开始"阶段与桩后的尾涡联系起来。

2.2.2.1 KC 数的影响

随着 KC 数的增加，前面提到流动过程中的尾涡和马蹄涡也随之受到影响（2.1.2 节和 2.1.3 节）。对于前者，随着 KC 数的增加，尾涡的长度逐步增加，这意味着越来越长的床面将暴露在脱落的涡流中，从而产生冲刷作用。关于马蹄涡，其寿命和尺寸随着 KC 数的增加而增加，如图 2-10 和图 2-13 所示。正如 2.1 节所述，这两个因素导致了冲刷深度的增加。因此，冲刷深度将随着 KC 数的增加而增加。Sumer 等的研究如图 2-33 所示，图中绘制了圆形桩周边的冲刷数据与 KC 数之间的对应关系，其揭示了这一点。这一结果后来被 Kobayashi 和 Oda 所证实。

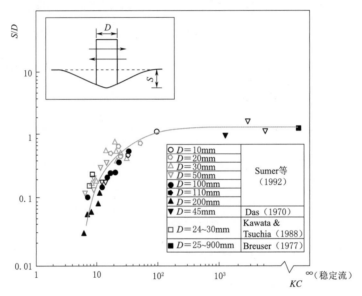

图 2-33　动床条件下圆桩周围平衡冲刷深度与 KC 数的关系图

图 2-33 进一步表明，当 KC 数趋向于无穷大时，冲刷深度将接近一个恒定值。因此考虑到涡流的有限寿命，尾涡对平衡冲刷深度的作用应该接近一个恒定状态。此外，马蹄涡对平衡冲刷深度的作用也接近一个恒定状态，因为在 KC 数较大时，马蹄涡对 KC 数的依赖性可忽略不计。

由于冲刷深度达到的稳定值与恒定流作用下冲刷深度稳定值相同（即当 $S/D \rightarrow 1.3$，$KC \rightarrow \infty$ 时，如图 2-33 所示），因此可以得出结论，在较大的 KC 数 [如 $KC > O(100)$，图 2-33] 工况下，对平衡冲刷深度的影响主要来自马蹄涡作用。

对于较小 KC 数的工况 [如 $KC < O(10)$]，净冲刷开始阶段与前面几段所讨论的尾涡（以涡流脱落的形式）直接相关。并且，马蹄涡尺寸相当小、寿命相当短（图 2-10 和图 2-13）。因此，对于 KC 数较小的工况，冲刷过程主要受尾涡的制约。

Sumer 等对图 2-33 中的数据进行分析归纳，得出了经验表达式为

$$\frac{S}{D} = 1.3\{1 - \exp[-0.03(KC - 6)]\}, \quad KC \geqslant 6 \qquad (2-19)$$

可以注意到图 2-33 中的标准差符号表示恒定流作用下的数据标准差。关于其特征值的离散情况可能是由于前一节中介绍的各种因素的影响，如希尔兹参数、泥沙级配、边界层厚度与桩径比、泥沙粒径与桩径比和雷诺数等。由于 Sumer 等的研究重点是冲刷深度与 KC 数的关系，因此没有考虑用上述因素，上述经验表达式可以写成

$$\frac{S}{S_c}=1-\exp[-0.03(KC-6)], \quad KC\geqslant6 \tag{2-20}$$

通过引入 S_c（在纯水流工况下所得到的冲刷深度），使得上述因素的影响在式（2-20）中得到考虑。需要注意的是式（2-19）和式（2-20）仅对动床工况有效。

2.2.2.2 横断面形状的影响

Sumer 等研究了横断面形状对冲刷深度的影响，试验结果如图 2-34 和图 2-35 所示。图中揭示了横断面形状的影响，特别是对于 KC 数较小的工况。后者与涡流脱落的发生有关。在 KC 数临界值（发生涡流脱落时）最小的截面上，即 45°方向的方桩，冲刷深度最大。对于 KC 数临界值最大的截面，即 90°方向的方桩，其冲刷深度最小。图中可以看出随着 KC 数的增加，三种情况之间的差异变得相对较小。考虑到涡流寿命有限，随着 KC 数的增加，涡流脱落的程度逐渐降低。

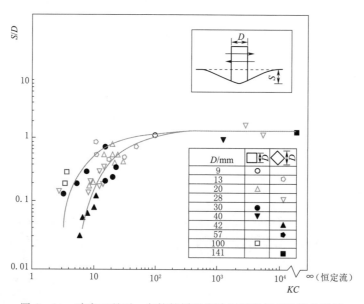

图 2-34　动床工况下，方桩桩周平衡冲刷深度与 KC 数关系图

以下给出了关于不同横断面形状对应的冲刷深度的经验表达式；对于 90°方向的方桩有

$$\frac{S}{D}=2\{1-\exp[-0.015(KC-11)]\}, \quad KC\geqslant11 \tag{2-21}$$

而对 45°方向的方桩有

$$\frac{S}{D}=2\{1-\exp[-0.019(KC-3)]\}, \quad KC\geqslant3 \tag{2-22}$$

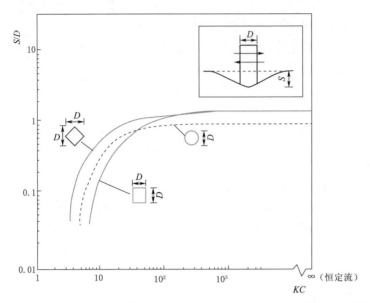

图 2-35　动床工况下，横断面形状对平衡冲刷深度与 KC 数关系的影响

在式（2-20）中，对 90°方向的方桩有

$$\frac{S}{S_c} = 1 - \exp\left[-0.015(KC-11)\right], \quad KC \geqslant 11 \tag{2-23}$$

而对 45°方向方桩有

$$\frac{S}{S_c} = 1 - \exp\left[-0.019(KC-3)\right], \quad KC \geqslant 3 \tag{2-24}$$

式中　S_c——在纯水流工况下结构物周边的冲刷深度。

这些公式适用于动床工况下（$\theta > \theta_{cr}$）的冲刷计算。

2.2.2.3　不规则波浪的影响

Sumer 和 Fredsøe 研究了不规则波对冲刷程度的影响。在北海风暴条件下测量的原位高程频谱被用作控制频谱，以产生波浪发生信号。该频谱可由联合北海波浪计划波谱表示。

在不规则波的情况下，KC 数可以用以下几种方式定义，如 $KC=U_m T_z/D$；$KC=U_m T_s/D$；$KC=U_m T_p/D$；$KC=U_s T_z/D$；$KC=U_s T_s/D$；$KC=U_s T_p/D$。U_m 定义为

$$U_m = \sqrt{2}\,\sigma_U \tag{2-25}$$

$$\sigma_U^2 = \int_0^\infty S(f)\,\mathrm{d}f \tag{2-26}$$

$$U_s = 2\,\sigma_U \tag{2-27}$$

式中　　σ_U——床面轨道速度 U 的均方根值；

$\quad\quad S(f)$——U 的功率谱；

$\quad\quad f$——频率；

$\quad\quad \sigma_U$——"有效"速度幅值，类似于有效波高的一半；

T_z、T_s和T_p——平均跨零周期、有效波周期和峰值周期（$=1/f_p$）。

通过测量冲刷深度 $(S/D)_{irregular}$，并与式（2-19）计算的深度进行比较。如上段所述，其中 KC 数的计算方法包括六种。经过对比分析，$KC=U_mT_p/D$ 的定义最适合。在 $\sqrt{2}\sigma_U \to U_m$，且 $T_p \to T_w$ 时，可见以这种方式定义的 KC 数将降低至在规则波的情况下 KC 数。综上可知，不规则波作用下的冲刷深度可以用式（2-19）中的经验表达式来预测，KC 数使用 $KC=U_mT_p/D$ 计算，其中 $U_m=\sqrt{2}\sigma_U$。

2.2.2.4 波浪和水流共同作用的影响

Herbich 团队已经对此进行了研究，这些研究中的参数范围是 $2<KC<25$ 和 $0.35<U_{cw}<0.7$，且 U_{cw} 为

$$U_{cw}=\frac{U_c}{U_c+U_m} \tag{2-28}$$

式中　U_c——流速。

研究结果表明，由水流主导的水动力条件导致了在波流共同作用工况下的冲刷深度与恒定流作用下的冲刷深度没有本质区别。

随后，Sumer 和 Fredsøe 对叠加水流对波流组合作用下冲刷深度的影响进行了系统分析。图 2-36 表示了 Sumer 和 Fredsøe 在波浪与水流同向传播的情况下得到的冲刷数据。其中 U_c 为距离床面 $D/2$ 处测得的未受干扰的流速，代表近床面流速。

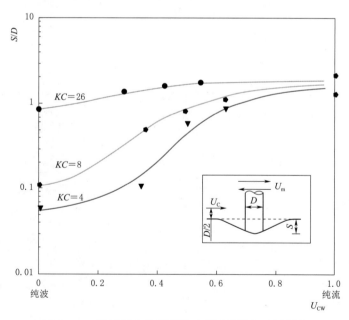

图 2-36　波流同向作用下海床周围的平衡冲刷深度

从图 2-36 可以得出以下结论：

（1）数据显示，当参数 $U_{cw} \to 0$ 时（仅存在波浪作用时），S/D 接近式（2-19）的值。当 $U_{cw} \to 1$ 时，仅存在水流作用时，如式（2-11），S/D 接近文献中的恒定流作用下

的冲刷深度值。

（2）数据表明，对于 KC 数较小的工况，即使是叠加在波浪上的轻微水流作用也会导致冲刷深度的显著增加。这是由于即使在微弱的水流作用下，桩前也存在着强度较大的马蹄涡。

（3）从图 2-36 可以看出，当 $U_{cw} \geqslant 0.7$ 时，冲刷深度显然是由组合流中水流分量所主导的。这是因为在 $U_{cw} \geqslant 0.7$ 的情况下，冲刷深度接近于纯水流作用时结构物基础的冲刷数值。这一结果是由于在桩的下游侧会持续存在尾涡，而在如此大的 U_{cw} 值下，在桩的上游侧不存在尾涡现象。因此，$U_{cw} \geqslant 0.7$ 的组合流的流态图像与纯水流的情况一致。

图 2-37 将 Sumer 和 Fredsøe 的结果与 Wang 和 Herbich 以及 Eadie 和 Herbich 的结果进行了比较。图 2-37 表明了 Eadie 和 Herbich 的试验结果与 Sumer 和 Fredsøe 的结果一致。尽管在 Wang 和 Herbich 的研究中，测量的冲刷深度普遍较大，但图中显示了其试验成果与 Sumer 和 Fredsøe 的试验结果定性一致。Wang 和 Herbich 的研究所选取的 KC 数也包含在 Sumer 和 Fredsøe 的研究范围内。

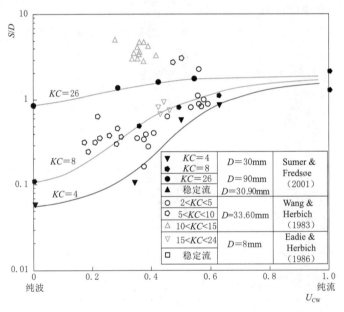

图 2-37　波流同向作用下平衡冲刷深度示意图

图 2-38 给出了 Sumer 和 Fredsøe 试验中波流同向和波流垂直工况下，结构物基础的相对冲刷深度。在波浪与水流垂直传播的情况下，水流对结果的影响与波浪和水流同向传播的工况一样重要。

图 2-38 表示在 $0 \leqslant U_{cw} \leqslant 1$ 范围内，不同波流组合条件所对应的冲刷过程。本研究中通过近床面的视频观察，发现涡流脱落（在 KC 数较小的情况下，涡流脱落情况是影响冲刷的关键因素）在波浪主导的情况下（即在 $0 \leqslant U_{cw} \leqslant 1$ 的下限值）并未受到水流作用的影响。Sumer 和 Fredsøe 研究发现在 KC 数为 8 的工况下，即使 U_{cw} 值达到 0.5，视频记录中清晰地识别出在波浪传播方向上的近床涡流脱落现象。因此，在 $0 \leqslant U_{cw} \leqslant 1$ 的极

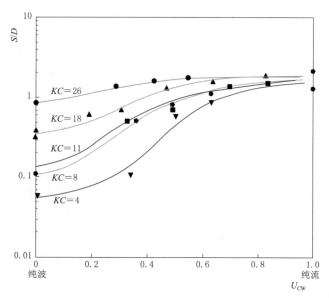

图 2-38 动床工况下,波流共同作用时的平衡冲刷深度

值处,水流方向不会成为影响冲刷深度的重要因素。在 U_{cw} 的上限值一端,即 $U_{cw}=1$ 时,水流的方向也不是影响冲刷深度的重要因素。因为在水流主导的水动力体系中,马蹄涡是引起冲刷的主要因素,所以马蹄涡的作用实际上不会受到波浪存在的影响。

根据 Sumer 和 Fredsøe 在前述图表中给出的数据,可以得出关于冲刷深度经验公式为

$$\frac{S}{D}=\frac{S_c}{D}[1-\exp\{-A(KC-B)\}], KC \geqslant B \qquad (2-29)$$

式中 S_c——恒定流情况下的冲刷深度,见式(2-11)或式(2-12)。

变量 A 和 B 表示为

$$A=0.03+\frac{3}{4}U_{cw}^{2.6} \qquad (2-30)$$

$$B=6\exp(-4.7U_{cw}) \qquad (2-31)$$

然而,前述方程适用于 $KC \geqslant 30$ 的工况。另外,前述公式仅对动床冲刷有效。

【例 2.3】 预测冲刷深度数值的案例

假设存在一单桩直径为 30cm,预测桩处于周期为 $T_\omega=10s$、波高为 $H=2m$、水深 $h=10m$ 的波浪工况下,计算桩体基础的冲刷深度。选取的砂体粒径为 0.2mm。

(1)计算变量 L_0(深水波长)

$$L_0=\frac{g T_\omega^2}{2\pi}=\frac{9.81 \times 10^2}{2\pi}=156(m)$$

(2)计算 h/L_0

$$\frac{h}{L_0}=\frac{10}{156}=0.064$$

(3)从波形表中找出正弦波

$$\sinh(kh)=0.733 \quad \text{当} \frac{h}{L_0}=\frac{10}{156}=0.064$$

（4）假设小振幅正弦波理论适用于本工况，海床面上水体颗粒轨道运动的振幅的计算公式为

$$a=\frac{H}{2}\frac{\cosh[k(z+h)]}{\sinh(kh)}=\frac{H}{2}\frac{1}{\sin(kh)}=\frac{2}{2}\frac{1}{0.733}=1.36\text{m}$$

式中　z——从平均水位为起始点测量的垂直距离，在海床面处 $z=-h$。

床面速度的最大值为

$$U_m=\frac{\pi H \cosh[k(z+h)]}{T_\omega \sinh(kh)}=\frac{\pi \times 2}{10}\times\frac{1}{0.733}=0.86\text{m/s}$$

（5）检查正弦理论是否适用

$$\text{厄塞尔参数} \, U=\frac{HL^2}{h^3}<15$$

式中　L——波长，$L=L_0 \tanh(kh)$（若厄塞尔参数超过上述限值，则使用椭圆余弦波理论）。

由波形表可知

$$\text{当} \frac{h}{L_0}=0.064 \text{ 时，} \tanh(kh)=0.591$$

因此

$$L=156\times0.591=92\text{m}$$

且

$$U=\frac{HL^2}{h^3}=\frac{2\times92^2}{10^3}=17$$

结果略大于15。因此可以假设正弦理论仍然适用。

（6）计算海床处的 Keulegan-Carpenter 数

$$KC=\frac{2\pi a}{D}=\frac{2\times\pi\times1.36}{0.3}=28.5$$

（7）估算式（2-20）中的冲刷深度，即

$$\frac{S}{S_c}=1-\exp[-0.03(KC-6)]=1-\exp[-0.03\times(28.5-6)]=0.49$$

其中 S_c 为只存在恒定流情况下的冲刷深度，可以从式（2-11）或式（2-12）中找到。

（8）从式（2-11）看，可以将 $S_c/D=1.3+\sigma_{S/D}=1.3+0.7=2$，或 $S_c/D=1.3+2\sigma_{S/D}=1.3+2\times0.7=2.7$ 用于计算动床冲刷的最大冲刷深度。当取后者 $S_c/D=2.7$ 时，冲刷深度为

$$S=0.49S_c=0.49D\cdot\frac{S_c}{D}=0.49\times0.3\times2.7\approx0.4\text{m}$$

（9）计算 Shields 参数，即

$$\theta = \frac{U_{fm}^2}{g(s-1)d} = \frac{\frac{f_w}{2}U_m^2}{g(s-1)d} = \frac{\frac{0.004}{2} \times 0.86^2}{9.81 \times (2.65-1) \times 0.0002} = 0.46$$

其中，f_w 可由下式计算

$$f_w = 0.035 \, Re^{-0.16}$$

假设床作为光滑面（$dU_{fm}/v \leqslant 10$），f_w 取 0.004。其中，$Re = aU_m/v$，为波浪边界层雷诺数。希尔兹数 $\theta = 0.46$ 大于临界值 θ_{cr}，可知床面是动态的，因此用于计算冲刷深度的式（2-19）是有效的。

【例 2.4】预测波流共同作用下冲刷深度数值的案例

考虑波浪和水流共同作用下桩周边的冲刷问题。波浪条件与前一个示例中的相同，而距床 $D/2$ 处的流速为 $U_c = 0.6 \text{m/s}$。计算冲刷深度过程如下。

（1）计算 U_{CW}，即

$$U_{CW} = \frac{U_C}{U_C + U_m} = \frac{0.6}{0.6 + 0.86} = 0.41$$

（2）根据式（2-29）～式（2-31）计算冲刷深度，即

$$A = 0.03 + \frac{3}{4}U_{CW}^{2.6} = 0.03 + \frac{3}{4} \times 0.41^{2.6} = 0.104$$

$$B = 6e^{-4.7U_{CW}} = 6 \times e^{-4.7 \times 0.41} = 0.87$$

$$\frac{S}{D} = \frac{S_c}{D}[1 - e^{-A(KC-B)}]$$

$$= \frac{S_c}{D}[1 - e^{-0.104 \times (28.5 - 0.87)}] = \frac{S_c}{D} \times 0.94$$

其中，在恒定流作用下的冲刷深度 S_c 如式（2-11）或式（2-12）中所示。

（3）取后者，$S_c/D = 2.7$，参照前面的示例，冲刷深度为

$$S = \frac{S_c}{D} \times 0.94 \times D = 2.7 \times 0.94 \times 0.3 = 0.76 (\text{m})$$

2.2.2.5 非线性波的影响

Carreiras、Larroude、Seabra-Santos 和 Mory 针对波浪的非线性对单桩桩周局部冲刷的影响进行了研究。非线性波的特征在近岸区域发生演变，因此，冲刷过程可能取决于桩的位置，即取决于波的局部特征。

对于线性波，波的形状和特征在整个区域内保持不变，与 KC 数相关的变量不取决于桩的位置。根据波浪线性理论，KC 数等效地定义为关于水平偏移距离 $2a$ 相对于圆柱体直径 D 的函数。这种形式说明了在边界层分离和涡流脱落处产生局部冲刷的物理过程。非线性波以另一种运动方式表现，当波浪接近海岸线时，最初的正弦波会演变成不对称的剖面。非对称剖面的波在桩周引起的冲刷往往是不同的，这取决于波的局部特征。

在不同的波浪条件和不同的桩径条件下，对建立在非线性波浪传播下的孤立桩进行了 19 次试验。波浪周期和桩的直径分别在 1.0～2.6s 和 10～30mm 范围内变化，平均水深为 0.10m 或 0.15m。试验在宽度为 0.3m、长度为 7.5m 的波浪水槽中进行，所选砂粒大小为 $d_{50} = 0.27\text{mm}$。试验测量了桩周的冲刷深度，并测量了含桩区域床面形态的变化，

以便研究局部和整体的冲刷过程。Shields 参数的变化范围为 0.04～0.11。

局部冲刷深度随 KC 数的变化与式（2-19）的形式一致，只需用波浪特征来估算 KC 数。当使用式（2-7）确定 KC 数时，式（2-19）与试验数据之间的一致性最好，即

$$KC = \frac{2\pi a}{D} \qquad (2-32)$$

通过整合测量的局部速度，计算出接近水体底部的运动位移为 $2a$。另外，在 19 次试验中，KC 数范围为 11～23 的工况下，系数 $m=0.06$ 应用于公式 $\frac{S}{D}=1.3\{1-\exp[-m(KC-6)]\}$ 比 $m=0.03$ 更为契合，见式（2-19）更贴合数据。

利用波浪非线性随水槽距离的变化规律，及对水槽内不同位置的桩进行冲刷预测，得到了 KC 数的局部定义。时间标度也必须考虑波动的非线性。

2.2.2.6　破碎波的影响

Carreiras 等的试验研究了在不同受力条件下破碎波对冲刷的影响。在每组 5 次试验中水流条件是不变的，桩被放置在相对于破波点不同位置的横向坡度为 1∶20 的海岸上。水平方向底部的平均水深是 0.17m。

桩以 0.15m 为步长进行移动，2 组试验在相对于破波点位于离岸区的区域处进行，2 组在相对于破波点位于近岸区的区域处进行，1 组在破波点处进行（图 2-39）。随后对床面形态的变化进行测量，并与相同水流条件下无桩工况时的床面形态变化进行对比分析。在试验过程中没有发现明显的水下逆流。

通过可视化技术发现，在冲刷发展的初步阶段，桩周产生的涡流占主导地位，随后冲刷深度迅速增加。在碎波区波浪能量消散所产生的高强度湍流也将引起剧烈地泥沙运输。根据桩相对于破波点的位置，波纹的形成和动态变化（当桩相对于破波点位于离岸区域

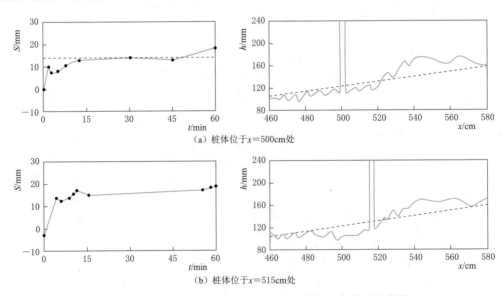

图 2-39（一）　冲刷深度随时间发展和平衡海床剖面示意图

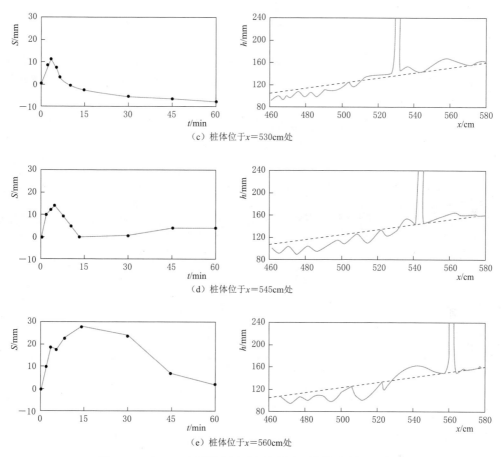

（c）桩体位于x＝530cm处

（d）桩体位于x＝545cm处

（e）桩体位于x＝560cm处

图2-39（二） 冲刷深度随时间发展和平衡海床剖面示意图

时）以及条带的形成（当桩相对于破波点位于近岸区域时）对冲刷演变有重要影响。事实上，最终的床面变化是由波浪破碎造成的大尺度床面演变和小尺度床面冲刷叠加而成。

在桩相对于破波点位于离岸区域的试验中，如图2-39（a）和图2-39（b）所示，平衡冲刷深度可以用式（2-19）表示，其中系数$m＝0.06$，KC数可通过式（2-32）计算。在其他3个试验中，桩的位置相对于破波点在近岸区域或与之重合的地方，如图2-39（c）和图2-39（d）所示，在试验开始后的几分钟后，侵蚀作用受条带形成的影响很大。

即使在KC数较大的工况下，当单桩位于破碎波的碎波区时，冲刷模式完全改变。当桩位于破波点或近岸区域时将发生大规模的床面变化（即条带的形成），最终与局部冲刷过程相叠加。

Bijker和De Bruyn也研究了破碎波对冲刷的影响。研究发现当非破波与恒定流叠加时，冲刷深度会减少，与图2-36所示一致。当破碎波叠加在相同的水流上时，冲刷深度会增加。考虑到在波浪没有发生破碎时，波浪和水流共同作用的冲刷总是小于水流单独作用的冲刷（图2-36），其中冲刷深度增加1.46倍与破碎波的形成相关。研究者们认为这与破碎波作用下增大的水体颗粒的轨道速度有关。

2.2.3　锥形物体桩周冲刷

Sumer、Fredsøe、Christiansen 和 Hansen 测量了锥形物体底部剪切应力，观察侧坡对剪切应力放大的作用。Fredsøe 和 Sumer 在后续研究中记录了类似结构的底部剪切应力测量结果和锥体结构的冲刷试验。

图 2-40～图 2-42 为测量的底部剪切应力。如图所示，锥体结构前面的边坡降低了

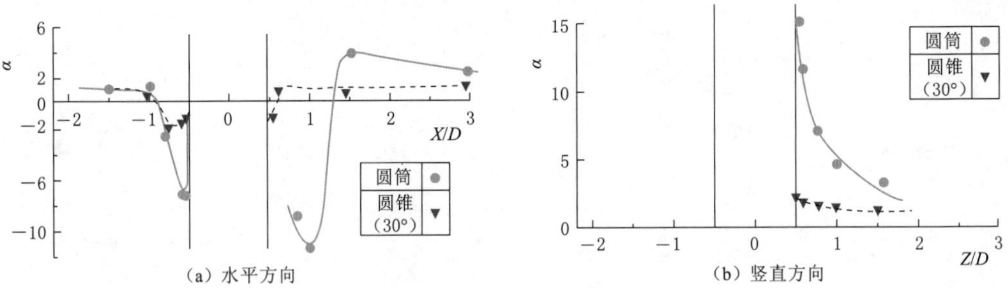

（a）水平方向　　（b）竖直方向

图 2-40　床面剪应力的放大效应

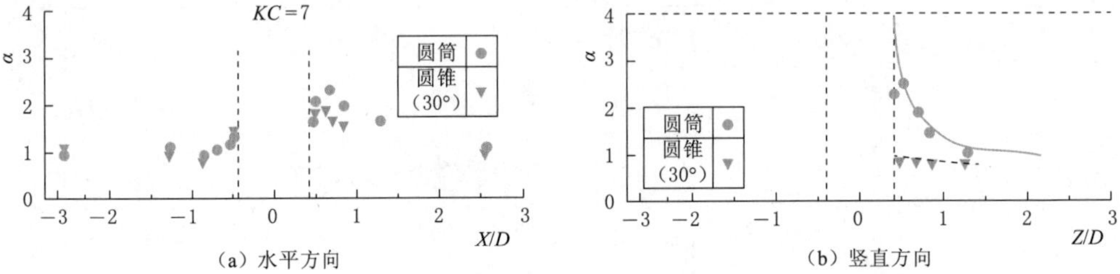

（a）水平方向　　（b）竖直方向

图 2-41　床面剪应力的放大效应（Sumer 等，1994）

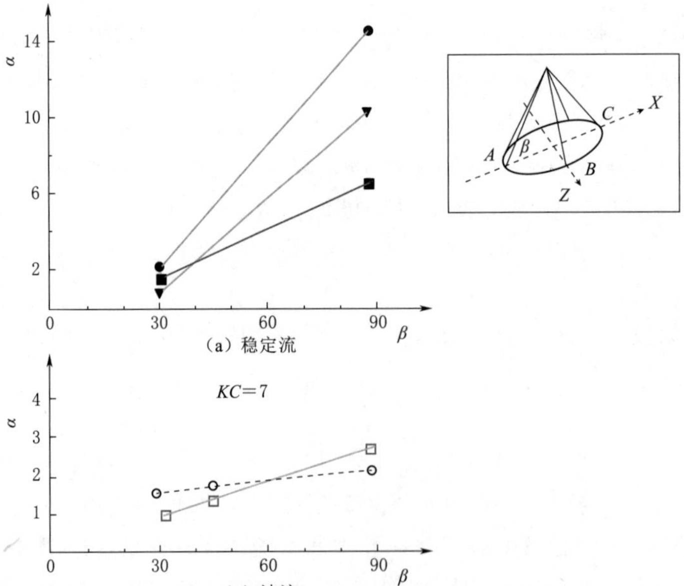

（a）稳定流

（b）波浪

图 2-42　边坡对床面剪应力放大效应的影响

底部剪切应力，这是由于大幅降低的逆向压力梯度导致的。如图 2-40 所示，在锥体结构的工况下，马蹄涡仍然存在，但其强度大大降低。同样，锥形物体侧边缘处的底部剪应力明显下降，这是由于流线收缩作用相当小，还有一部分原因是马蹄涡作用较弱。同样，底部剪应力在尾涡区域也经历了类似的大幅下降，这与锥体结构工况下涡流脱落较弱有关。

目前关于恒定流和波浪作用下"细长"锥状结构周围的冲刷数据较少。Fredsøe 和 Sumer 记录了关于较大的圆锥体结构基础的冲刷数据。

2.3 冲刷时间尺度

Sumer 等研究了冲刷的时间尺度。在维度上，时间尺度可由以下无量纲形式表示。

对于恒定流：

$$T^* = T^* \left(\frac{\delta}{D}, \theta \right) \tag{2-33}$$

对于波浪：

$$T^* = T^* (KC, \theta) \tag{2-34}$$

式中　T^*——标准化的时间尺度，与二维工况下的公式 $T^* = \dfrac{\left[g(s-1)d^3 \right]^{1/2}}{D^2} T$ 相同；

　　　　δ——水流深度（边界层厚度）。

Sumer 等针对圆形桩冲刷试验所得的数据进行了分析，并且 Sumer 等针对波浪作用下，其他几何形状（90°和 45°方桩）桩基础的冲刷数据进行分析。

横截面形状对冲刷时间尺度的影响如图 2-43 所示。图中的数据表明 T^* 随着 θ 的增加而减小，与管线结构物得到的结论一致，同时图中显示 T^* 随着 KC 数的增加而增加。后者是由于被侵蚀的泥沙量随着 KC 数的增加而增加。

图 2-43 表明了横截面对时间尺度的影响。从数据来看，以 45°排列的方桩时间尺度与圆形桩的时间尺度没有本质差异，尽管前者的 T^* 比后者略小。然而，以 90°排列的方桩时间尺度比圆形桩的时间尺度要小一些。图中可见这种差异随着 θ 的减小而变得更加显著。Sumer 等将这种现象与脱落涡的强度联系起来。研究认为以 90°排列的方形桩的涡流比圆形桩和以 45°排列的方形桩的涡流要强。Sumer 等认为后两种工况下的涡流强度基本相同。涡流越强，冲刷进程越快。因此，如图 2-43 所示，以 90°排列的方桩的时间尺度应该比其他两种情况小。

Sumer 等提出了经验表达式，将标准化的时间尺度 T^* 与 KC 数和 θ 联系起来。对于恒定流，表达式为

$$T^* = \frac{1}{2000} \frac{\delta}{D} \theta^{-2.2} \tag{2-35}$$

式中　δ——水流深度（边界层厚度）。

在波浪情况下有

$$T^* = 10^{-6} \left(\frac{KC}{\theta} \right)^3 \tag{2-36}$$

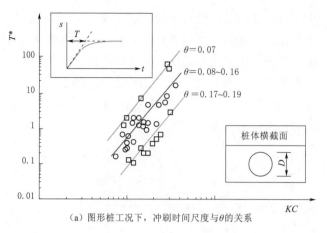

（a）图形桩工况下，冲刷时间尺度与 θ 的关系

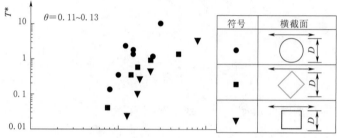

（b）θ 在 0.11~0.13 范围内，横截面形状与冲刷时间尺度的关系

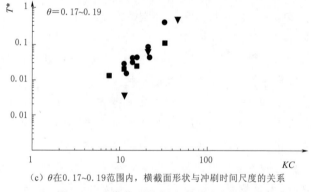

（c）θ 在 0.17~0.19 范围内，横截面形状与冲刷时间尺度的关系

图 2-43　横截面形状对冲刷时间尺度的影响

Melville 和 Chiew 将恒定流中桩周清水冲刷与桥墩周边冲刷的时间进展相结合，并进行了详细研究，最终给出数据并用于量化水流持续时间对局部冲刷深度的影响。

【例 2.5】 恒定流下时间尺度预测数值的案例

已知桩径 $D=30\mathrm{cm}$，泥沙中值粒径 $d_{50}=0.5\mathrm{mm}$，水深 $h=10\mathrm{m}$，平均流速 $V=0.6\mathrm{m/s}$，求得桩冲刷过程的时间尺度。

（1）计算未扰动的床面摩擦速度，即

$$U_{\mathrm{f}}=\frac{V}{2.5\times\left[\ln\left(\dfrac{30h}{k_{\mathrm{s}}}\right)-1\right]}$$

其中 $k_s = 2.5 d_{50}$，则有

$$U_f = \frac{0.6}{2.5 \times \left[\ln \left(\frac{30 \times 10}{2.5 \times 0.5 \times 10^{-3}} \right) - 1 \right]} = 0.021 \text{m/s}$$

（2）计算初始希尔兹数，即

$$\theta = \frac{U_f^2}{g(s-1)d_{50}} = \frac{0.021^2}{9.81 \times (2.65-1) \times 0.5 \times 10^{-3}} = 0.055$$

（3）根据式（2-35）计算 T^*，即

$$T^* = \frac{1}{2000} \frac{\delta}{D} \theta^{-2.2} = \frac{1}{2000} \times \frac{10}{0.3} \times 0.055^{-2.2} = 9.8$$

（4）根据公式计算 T，即

$$T = \frac{D^2}{[g(s-1)d_{50}^3]^{1/2}} T^* = 19608 \text{s} \approx 5.4 \text{h}$$

【例 2.6】波浪条件下时间尺度预测的数值案例

上述示例中，桩位于周期 $T_\omega = 10$s、水深 $h = 10$m 且波高 $H = 2$m 的波浪工况下的冲刷时间尺度。

（1）由 2.2.2 节中的案例可知，海床面处水体颗粒轨道运动的幅度 a 和速度 U_m 的最大值和 KC 为

$$a = 1.36 \text{m}$$

$$U_m = \frac{2\pi a}{T_\omega} = 0.86 \text{m/s}$$

$$KC = \frac{2\pi a}{D} = \frac{2 \times \pi \times 1.36}{0.3} = 28.5$$

（2）假设海床边界层是粗糙的，求波浪边界层的摩擦系数，有

$$f_w = 0.04 \left(\frac{a}{k_s} \right)^{-\frac{1}{4}}, \quad \frac{a}{k_s} > 50$$

取 $f_w = 0.007$，$\frac{a}{k_s} = \frac{a}{2.5 d_{50}} = \frac{1.36}{2.5 \times (0.5 \times 10^{-3})} = 1088$

（3）计算波浪边界层的最大床面摩擦速度，有

$$U_{fm} = \sqrt{\frac{f_w}{2}} U_m = \sqrt{\frac{0.007}{2}} \times 0.86 = 0.051 \text{m/s}$$

检查床面是否可当作粗糙边界层：$dU_f/v = 0.05 \times 5.1/0.01 = 26$，结果大于 10。因此，假设床面为粗糙边界层计算摩擦速度是合理的。

（4）计算未扰动的希尔兹数，有

$$\theta = \frac{U_{fm}^2}{g(s-1)d_{50}} = \frac{0.051^2}{9.81 \times (2.65-1) \times 0.5 \times 10^{-3}} = 0.32$$

（5）根据式（2-36）计算 T^*，有

$$T^* = 10^{-6} \left(\frac{KC}{\theta} \right)^3 = 10^{-6} \left(\frac{28.5}{0.32} \right)^3 = 0.71$$

（6）根据公式得到 T

$$T = \frac{D^2}{\left[g(s-1)d_{50}^3\right]^{1/2}}T^*$$

$$= \frac{0.30^2}{\left[9.81 \times (2.65-1) \times (0.5 \times 10^{-3})^3\right]^{1/2}} \times 0.71$$

$$= 1420\mathrm{s} \approx \frac{1}{2}\mathrm{h}$$

参 考 文 献

[1] Briaud J L, Ting F C K, Chen H C, et al. SRICOS: Prediction of scour rate in cohesive soils at bridge piers [J]. Geotechnical and Geoenvironmental Engineering, ASCE, 1999, 125 (4): 237 – 246.

[2] Lagasse P F, Thompson P L, Sabol S A. Guarding against scour [J]. Civil Engineering, 1995, 125 (1): 59 – 65.

[3] Richardson E V, Lagasse P F. Stream Stability and Scour at Highway Bridges. Water International, 1996, 21 (3): 108 – 118.

[4] Melville B W, Coleman S E. Bridge Scour [M]. Colorado: Water Resources Publications, 2000.

[5] Isaacson M. Wave-induced forces in the diffraction regime [J]. In: Mechanics of Wave-Induced Forces on Cylinders, T. L. Shaw (ed.), Pitman Advanced Publishing Program, 1979: (68 – 89).

[6] Sumer B M, Fredsøe J. Hydrodynamics Around Cylindrical Structures [M]. World Scientific, 1997.

[7] Hjorth P. Studies on the nature of local scour [M]. Bulletin Series A 46, Department of Water Resources Engineering, Lund Institute of Technology, University of Lund, Sweden, 1975.

[8] Baker C J. Vortex Flow Around the Bases of Obstacles [D]. Cambridge: University of Cambridge, 1979.

[9] Baker C J. The laminar horseshoe vortex [J]. Journal of Fluid Mechanics, 1979, 95 (2): 347 – 367.

[10] Baker C J. The position of points of maximum and minimum shear stress upstream of cylinders mounted normal to flat plates [J]. Journal of Wind Eng. & Industrial Aerodyn. 1985, 18 (3): 263 – 274.

[11] Baker C J. The oscillation of horseshoe vortex systems [J]. Journal of Fluids Engineering, 1991, 113 (3): 489 – 495.

[12] Niedoroda A W, Dalton C. A review of the fluid mechanics of ocean scour [J]. Ocean Engineering, 1982, 9 (2): 159 – 170.

[13] Dargahi B. The turbulent flow field around a circular cylinder [J]. Experiments in Fluids, 1989, 8 (1 – 2): 1 – 12.

[14] Schwind R. The three-dimensional boundary layer near a strut [J]. Gas Turbine Lab Rep, 1962.

[15] Graf W H, Yulistiyanto B. Experiments on flow around a cylinder the velocity and vorticity field [J]. J. Hyd. Res., 1998, 36 (4): 637 – 653.

[16] Roulund A, Sumer B M, Fredsøe J, et al. Numerical and experimental study of flow and scour around a pile [J]. Journal of Fluid Mechanics, 2005, 534: 351 – 401.

[17] Sumer B M, Christiansen N, Fredsøe J. Horseshoe vortex and vortex shedding around a vertical wall-mounted cylinder exposed to waves [J]. J. Fluid Mechanics, 1997, 332: 41 – 70.

[18] Chou J H, Chao S Y. Branching of a horseshoe vortex around surface-mounted rectangular cylinders [J]. Experiments in Fluids, 2000, 28: 394 – 402.

[19] Sarpkaya T. Forces on a circular cylinder in viscous oscillatory flow at low Keulegan-Carpenter numbers [J]. J. Fluid Mechanics, 1986, 165: 61 - 71.

[20] Sarpkaya T, Isaacson M. Mechanics of Wave Forces on Offshore Structures [J]. Journal of Applied Mechanics, 1982, 49 (2): 466 - 467.

[21] Bearman P W, Graham J M R, Naylor P, et al. The role of vortices in oscillatory flow about bluff cylinders [J]. Proc. International Symposium on Hydrodynamics in Ocean Engineering, Trondheim, Norway, 1981, 1: 621 - 643.

[22] Williamson C H K. Sinusoidal flow relative to circular cylinders [J]. J. Fluid Mechanics, 1985, 155 (6): 141 - 174.

[23] Eadie R W IV, Herbich J B. Scour about a single, cylindrical pile due to combined random waves and a current [J]. Coastal Engineering Proceedings, 1986, 1 (20): 136.

[24] Melville B W. Local Scour at Bridge Sites [D]. Auckland: University of Auckland, 1975.

[25] Breusers H N C, Nicollet G, Shen H W. Local scour around cylindrical piles [J]. J. Hyd. Res., 1977, 15 (3): 211 - 252.

[26] Ettema R. Influence of bed material gradation on local scour [D]. Auckland: University of Auckland, 1976.

[27] Melville B W, Melville A J. Flow characteristics in local scour at bridge piers [J]. J. Hyd. Res., 1977, 15 (4): 373 - 380.

[28] Raudkivi A. J, Ettema R. Effect of sediment gradation on clear water scour [J]. Journal of the Hydraulics Division, 1977, 103 (10): 1209 - 1213.

[29] Ettema R. Scour at Bridge Piers [D]. Auckland: University of Auckland, 1980.

[30] Imberger J, Alach D, Schepis J. Scour behind circular cylinders in deep water [R]. Proc. 18th International Conference on Coastal Engineering, ASCE, 1982.

[31] Raudkivi A J, Ettema R. Clear water scour at cylindrical piers [J]. J. Hydraulic Engineering, ASCE, 1983, 109 (3): 338 - 350.

[32] Chiew Y M. Local Scour at Bridge Piers [D]. Auckland: University of Auckland, 1984.

[33] Raudkivi A J. Functional trends of scour at bridge piers [J]. J. Hydraulic Engineering, ASCE, 1986, 112 (1): 1 - 13.

[34] Chiew Y M, Melville B W. Local scour around bridge piers [J]. J. Hyd. Res., 1987, 25 (1): 15 - 26.

[35] Melville B W, Sutherland A J. Design methods for local scour at bridge piers [J]. J. Hydraulic Engineering, 1988, 114 (10): 1210 - 1226.

[36] Melville B W, Dongol D M S. Bridge pier scour with debris accumulation [J]. J. Hydraulic Engineering, 1992, 118 (9): 1306 - 1310.

[37] Melville B W, Raudkivi A J. Effects of foundation geometry on bridge pier scour [J]. J. Hydraulic Engineering, 1996, 122 (4): 203 - 209.

[38] Ettema R, Melville B W, Barkdoll B. Scale effects in pier-scour experiments [J]. J. Hydraulic Engineering, 1998, 124 (6): 639 - 643.

[39] Melville B W, Chiew Y M. Time scale for local scour at bridge piers [J]. J. Hydraulic Engineering, ASCE, 1999, 125 (1): 59 - 65.

[40] Breusers H N C, Raudkivi A J. Scouring [M]. Netherlands: Balkema A A Publishers, 1991: 5 - 8.

[41] Hoffmans G J C M, Verheij H J. Scour Manual [M]. CRC Press, 1997.

[42] Whitehouse R. Scour at Marine Structures: A Manual for Practical Applications [J]. International Ophthalmology Clinics, 1998.

[43] Isaacson M. Loose boundary hydraulics [J]. Canadian Journal of Civil Engineering, 1991, 18 (5): 892.

［44］　Sumer B M. Recent developments on the mechanics of sediment suspension ［J］. Proc., Euromech 192: Transport of Suspended Solids in Open Channels, 1986: 3 – 13.

［45］　Sumer B M, Christiansen N, Fredsøe J. Influence of cross section on wave scour around piles ［J］. Journal of Waterway Port Coastal & Ocean Engineering, 1993, 119 (5): 477 – 495.

［46］　Tison L J. Erosion autour des piles de pontsen riviere ［J］. Annales des Travaux Publics de Belgique, 1940, 41 (6): 813 – 817.

［47］　Laursen E. Scour around bridge piers and abutments ［J］. Iowa Highway Res Bord, 1956.

［48］　Chabert J, Engeldinger P. Etude des affouillements autour des piles des ponts ［J］. Laboratoire National d'Hydraulique, Chatou, France, 1956.

［49］　Venkatadri C, Rao G M, Hussain S T, et al. Scour around bridge piers and abutments ［J］. Water and Energy International, 1965, 22.

［50］　DHI/SNAMPROGETTI. SISS Project. Sea bottom instability around small structures ［R］. Erodible Bed Laboratory Tests (Phase 1). Final Report, Text and Drawings. DHI (Danish Hydraulic Institute) and Snamprogetti, Contract INGE91/SP/03060, 1992.

［51］　Laursen E M. Scour at bridge crossings ［J］. American Society of Civil Engineers, 1960, 86 (2): 39 – 54.

［52］　Ettema R, Mostafa E A, Melville B W, et al. Local scour at skewed piers. Technical note ［J］. Journal of Hydraulic Engineering, 1998, 124 (7): 756 – 759.

［53］　Sumer B M, Fredsøe J, Christiansen N. Scour around vertical pile in waves ［J］. Journal of Waterway Port Coastal & Ocean Engineering, 1992, 118 (1): 15 – 31.

［54］　Sutherland J, Whitehouse R J S. Scale effects in the physical modelling of seabed scour ［R］. HR Wallingford, 1998.

［55］　Sumer B M, Chua L, Cheng N S, et al. Influence of turbulence on bed load sediment transport ［J］. Journal of Hydraulic Engineering, 2003, 129 (8): 585 – 596.

［56］　Kobayashi T, Oda K. Experimental study on developing process of local scour around a vertical cylinder ［J］. Coastal Engineering Proceedings, 1994, 1 (24): 1284 – 1297.

［57］　Sumer B M, Fredsøe J. Scour around pile in combined waves and current ［J］. Journal of Hydraulic Engineering, 2001, 127 (5): 403 – 411.

［58］　Wang R K, Herbich J B. Combined current and wave – produced scour around a single pile ［R］. Texas A & M University, 1983.

［59］　Herbich J B, Jr R, Dunlap W A, et al. Seafloor scour – Design guidelines for ocean – founded structures ［J］. IEEE Journal of Oceanic Engineering, 1986, 11 (1): 135 – 135.

［60］　Carreiras J, Larroudé P, Seabra – Santos F, et al. Wave scour around piles ［C］ // International Conference on Coastal Engineering, 2004.

［61］　Bijker E W, De Bruyn C A. Erosion around a pile due to current and breaking waves ［C］ // Coastal Engineering, 1988.

［62］　Sumer B M, Fredsøe J, Christiansen N, et al. Bed shear stress and scour around coastal structures ［C］ // Coastal Engineering. ASCE, 2012.

［63］　Fredsøe J, Sumer B M. Scour at the round head of a rubble – mound breakwater ［J］. Coastal Engineering, 1997, 29 (3/4): 231 – 262.

［64］　Sumer B M, Christiansen N, Fredsøe J. Time scale of scour around a vertical pile ［J］. Scour, 1992, 3: 308 – 315.

［65］　Fredsøe J, Deigaard R. Mechanics of coastal sediment transport ［J］. Advanced Series on Ocean Engineering, 1992, 3 (390).

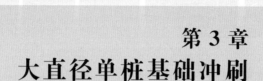

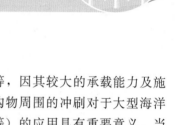

第 3 章
大直径单桩基础冲刷

大直径单桩常用于港口工程、跨海桥梁和海上风电工程等，因其较大的承载能力及施工便捷性，得到了广泛应用。在水动力作用下，大型支撑结构物周围的冲刷对于大型海洋结构物（如海上重力式平台、平台支腿、桥墩和防波堤头部等）的应用具有重要意义。当结构物尺寸达到一定规模时，流动处于绕射区（无分离流），涡流脱落和马蹄涡均不存在。然而，现场观察发现在大型结构物周边同样会发生冲刷现象，可知这种情况下的冲刷与上述涡流过程以外的机制有关。

尽管近年来关于波浪作用下小直径垂直桩桩周的冲刷已有大量的研究（见第 2 章），但关于大型结构物在波浪作用下的水体流动和海床冲刷过程研究还较少。Rance、Katsui 团队等通过物理模型试验研究了波浪作用下大直径垂直单桩桩周的冲刷情况。研究表明由波浪引起的桩体附近的恒定流可能是导致泥沙从桩周输移最终形成冲刷坑的原因。

本章将研究在波浪作用下大直径垂直单桩周围的水流情况和海床冲刷过程。首先研究影响水流运动的相关要素，即大直径单桩工况下的水流运动、波动流以及桩周围的恒定流，随后研究桩周海床土体的冲刷过程，最后对关于大直径单桩基础冲刷的国内外研究现状进行阐述。

3.1 桩周波浪衍射机制

第 2 章重点关注桩径远小于波长的小直径单桩结构周围的冲刷。在小直径单桩工况下，桩体的存在对波浪运动的影响较小。然而，在桩径相对波长较大时，结构物的存在会干扰入射波。桩周入射波、反射波和绕射波的示意图如图 3 - 1 所示，在水体底部放置一个大直径垂直圆形桩。当入射波冲击桩体时，反射波向外移动。有遮蔽的一侧存在一个"阴影"区，波锋线在桩周发生弯曲，这一现象也被称为绕射效应。因此，桩的存在将通过产生反射波和绕射波来干扰入射波。通常将反射波和绕射波的组合称为散射波。

一般认为在 D/L 比值大于 0.2 时，绕射效应变得更为显著。根据正弦波理论，海面波粒运动的水平分量的振幅为

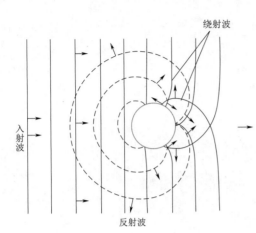

图 3-1　桩周入射波、反射波和绕射波的示意图

$$a_s = \frac{H}{2} \frac{1}{\tanh(kh)} \qquad (3-1)$$

桩前波浪入射示意图如图 3-2 所示，其中 H 为波高，h 为水深，k 为波数，有

$$k = \frac{2\pi}{L} \qquad (3-2)$$

因此，在水面处的垂直圆桩 KC 数为

$$KC_s = \frac{2\pi a_s}{D} = \frac{\pi(H/L)}{(D/L)\tanh(kh)} \qquad (3-3)$$

当达到最大波陡时，即 $H/L = (H/L)_{max}$ 时，可得到最大的 KC 数。最大波陡可表示为

$$\left(\frac{H}{L}\right)_{max} = 0.14\tanh(kh) \qquad (3-4)$$

波陡大于 $(H/L)_{max}$ 的波浪将发生破碎。可以得出桩经历的最大 KC 数可以写成

$$KC_s = \frac{0.44}{D/L} \qquad (3-5)$$

KC 数大于这一限值时波浪将发生破碎。

图 3-3 中的虚线表示式（3-5），为波浪破碎和不破碎区域的分界。由图可知，D/L 为 0.2 是波浪是否存在绕射效应的分界值。当 D/L 大于 0.2 时，绕射效应变得更加显著。从前面的分析可以得出以下结论：如图 3-3 所示，在绕射流态（在虚线下方的区域，且 $D/L > 0.1$ 时）中 KC 数非常小（即 $KC_s < 2$）。考虑到该流态所涉及的雷诺数在任何条件下均大于 10^3，因此较小的 KC 数表明桩周围的水流是不分离的。因此，在绕射区不存在分离涡和脱落涡。同样的，较小的 KC 数也表明桩前的水流不会发生分离，不会形成马蹄

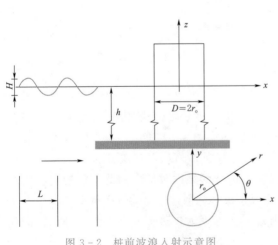

图 3-2　桩前波浪入射示意图

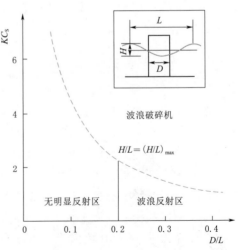

图 3-3　波浪绕射和波浪破碎分区示意图

涡。分析还表明，在产生冲刷的水流运动过程中出现了一个附加参数 D/L，称为绕射参数。

3.2 桩周波动流

如前文所述，当大直径单桩受到前进波作用时，反射波向桩外移动，在遮蔽区域形成绕射波。这些波场（入射波、反射波和绕射波）结合在一起会在桩周围形成两种流动：一种是波动流；另一种是恒定流（后者是由桩周围非均匀振荡运动引起的）。此处首先重点研究波动流。

图 3-4 为距离床面 5cm 处，桩周水流随着波浪推进而发生变化的过程。图中显示了相位值 ωt 为 0°、90°、180°、225°和 270°时桩周速度的平面分量。因为桩体具有对称性，所以剖面仅显示对称轴下半部分的流速。$\omega t = 0$°对应于离岸侧波峰的相位。图 3-4 中左

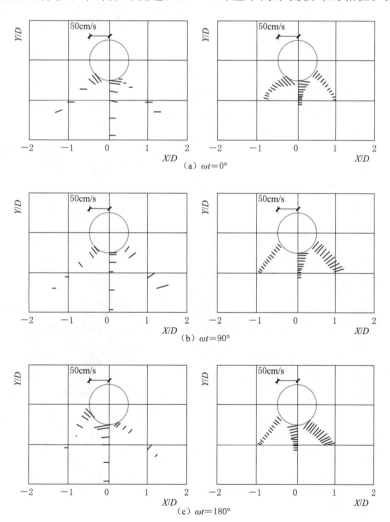

图 3-4（一） 距床面 5cm 处相速度分量矢量图（$KC = 1.1$，$D/L = 0.15$）

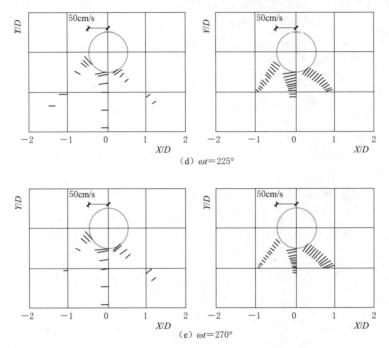

图 3 - 4（二）　距床面 5cm 处相速度分量矢量图（$KC = 1.1$，$D/L = 0.15$）

边的速度序列来源于 Sumer 和 Fredsøe 的试验数据，而右边的速度序列来源于 MacCamy
和 Fuchs 的理论研究。在 Sumer 和 Fredsøe 的速度测量试验中，河床是平面刚性的，波
浪条件为水深 40cm，波高 12cm，波周期 3.5s。波浪条件对应于 KC 数为 1.1 和 D/L 为
0.15，其中 KC 值定义为

$$KC = \frac{U_m T_\omega}{D} \qquad (3-6)$$

式中　U_m——波浪引起的最大近底振荡流速；

　　　T_ω——波周期。

对比可知 MacCamy 和 Fuchs 采用的是线性理论，通过将入射波势函数和散射波势函
数叠加，以床面垂直速度为 0、自由表面压力恒定且桩面法向速度为 0 为边界条件得到
解。关于 MacCamy 和 Fuchs 理论的完整描述可参考 Sarpkaya 和 Isaacson 或者 Sumer 和
Fredsøe 的研究，其平面速度分量为

$$u_r = -\frac{\partial \phi}{\partial r} \text{和} u_\theta = -\frac{1}{r}\frac{\partial \phi}{\partial \theta} \qquad (3-7)$$

$$\phi = i\frac{gH}{2\omega}\frac{\cosh(k(z+h))}{\cosh(kh)}\sum_{p=0}^{\infty}\varepsilon_p i^p \left[J_p(kr) - \frac{J_p'(kr_0)}{H_p^{(1)'}(kr_0)}H_p^{(1)}(kr)\right]\cos(p\theta)e^{-i\omega t}$$

$$(3-8)$$

式中　u_r 和 u_θ——r 方向和 θ 方向的速度分量（图 3 - 2）；

　　　ϕ——由 MacCamy 和 Fuchs 理论给出的势函数；

　　　i——虚数单位，$i = \sqrt{-1}$；

58

ω——角频率，$\omega = 2\pi / T_\omega$。

导数项为

$$J_p'(kr_0) = \left[\frac{\mathrm{d}J_p(\alpha)}{\mathrm{d}\alpha} \right]_{\alpha = kr_0} \tag{3-9}$$

和

$$H_p^{(1)'}(kr_0) = \left[\frac{\mathrm{d}\,H_p^{(1)}(\alpha)}{\mathrm{d}\alpha} \right]_{\alpha = kr_0} \tag{3-10}$$

式中 α——虚变量。

式（3-8）中的 ε_p 定义为

$$\begin{cases} p=0，当 \varepsilon_p = 1 \\ p \geqslant 1，当 \varepsilon_p = 2 \end{cases} \tag{3-11}$$

这里 $J_p(kr)$ 是第一类 p 阶贝塞尔函数，$Y_p(kr)$ 是第二类 p 阶贝塞尔函数。函数 $H_p^{(1)}$ 是第一类 Hankel 函数，定义为

$$H_p^{(1)} = J_p(kr) + \mathrm{i}Y_p(kr) \tag{3-12}$$

贝塞尔函数在数学手册中以表格形式给出，在各种数学软件中也以内置函数的形式给出（例如 Mathsoft，1997）。

通过图 3-4 可知，虽然测量的速度分布和通过 MacCamy 和 Fuchs 理论解计算获得的速度分布具有较好的一致性，但存在两个主要的区别：①如图 3-4 所示，测量速度和理论速度之间存在较小的相位差，后者比前者快 30°；②测得的速度数据表明试验中存在明显的径向流动，尤其是在桩侧边缘附近。理论解并未得到这个结论。图中观察到的速度分布特征表明，桩周外部流动是相互作用的波场引发的，即桩前和桩周围的入射波和反射波，以及桩后遮蔽区的绕射波和反射波。床面边界层显然会对相互作用产生的波流场作出反应，从而产生桩周稳定流。

波动流的作用原理是水流搅动河床上的泥沙，并使其悬浮。波动流是大直径单桩桩周产生冲刷的一个重要因素。

3.3 桩周稳定流

前文提到的第二种绕桩水流是由非均匀振荡运动引起的稳定水流，其中非均匀性是由桩体结构引起的。下文将根据 Sumer 和 Fredsøe 试验所得的速度数据来描述该过程。

图 3-5～图 3-7 显示了在三个不同深度（即距离河床 0.4cm、5cm 和 25cm）处测得平均周期对应的速度平面分量矢量图。图 3-8 给出了靠近桩体表面处，垂直剖面上速度分量的三维图解（波浪条件与图 3-4 相同，即水深为 40cm，波高为 12cm，波周期为 3.5s，海床为平面刚性床）。

平均周期的速度定义为

$$U_r = \frac{1}{T_\omega} \int_0^{T_\omega} \overline{u}_r \mathrm{d}t，和 U_\theta = \frac{1}{T_\omega} \int_0^{T_\omega} \overline{u}_\theta \mathrm{d}t \tag{3-13}$$

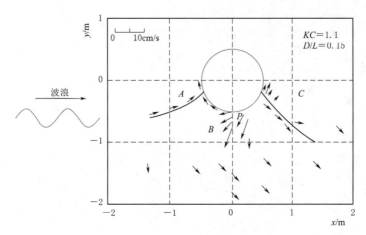

图 3 - 5　距床面 0.4cm 处平均周期对应的速度平面分量矢量图

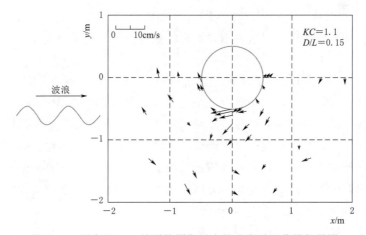

图 3 - 6　距床面 5cm 处平均周期对应的速度平面分量矢量图

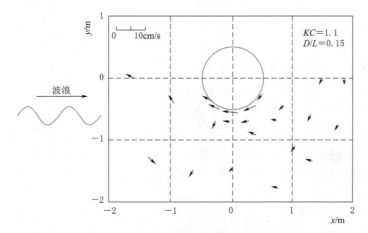

图 3 - 7　距床面 25cm 处平均周期对应的速度平面分量矢量图

图 3-5～图 3-8 中绘制的速度矢量对应于合成速度，即 $(U_r^2 + U_\theta^2)^{1/2}$。

图 3-5～图 3-8 所示的流场明确地表示了由于波浪作用引发的桩周恒定流。波浪作用引发的桩周恒定流流速大小 U_m 为 30cm/s，可以达到环向波速最大值的 20%～25%。对于易受侵蚀的海床土体，桩周恒定流对桩体基础的冲刷有显著影响。

值得注意的是，Sumer 和 Fredsøe 在完全相同的波浪条件且没有桩体的工况下，测量了无扰动时平均周期对应的流速。将所测的未扰动时平均周期对应的速度与存在桩体的情况（图 3-5～图 3-7）所测得的速度进行比较，发现由于桩体的存在，周边的流速发生了改变。

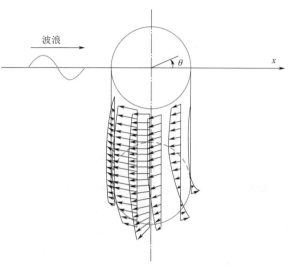

图 3-8 平均周期对应的桩周水流速度示意图

图 3-5 将床面附近的恒定流分成了三个不同的区域，分别标记为 A 区、B 区和 C 区。在 A 区中，水流方向是朝向桩的；而在 B 区和 C 区中，水流存在一个向外的分量。在 B 区，水流在 x 方向上的分量与波的传播方向相反；在 C 区则相反。图 3-5～图 3-7 中的流动模式表明了由于连续性，水流必然是具有较大的垂直分量的三维结构。

通过对比分析可知，在恒定流 B 区中，桩体附近水流特征如下：

（1）该区域存在较大的非零径向速度，说明床面边界层对径向反射波的响应强烈。然而在没有桩的工况下则不存在这样的速度。

（2）图 3-9 显示了在 B 区测点 P 处（图 3-5）测得的两个速度分量的时间序列。所有时间序列对应的径向速度和切向速度均绘制在对应的相位处，以此可客观地表示湍流强度。图 3-9 显示了在 ωt 在 135°～360°的相位间隔内出现向外的径向速度。相位间隔与 B 区减水时间段基本吻合（图 3-10）。很明显，该运动模式在床

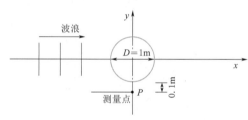

（a）桩基试验平面布置图

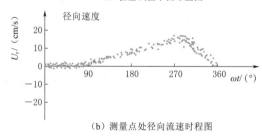

（b）测量点处径向流速时程图

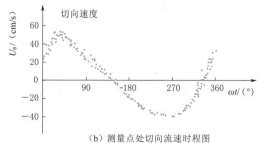

（b）测量点处切向流速时程图

图 3-9 P 点处速度径向和切向分量时间序列图

层附近产生向外的径向速度。

（3）图 3-5 进一步表明，由于床面边界层对入射波和反射波相互作用的响应，在桩周与波传播方向相反的切线方向上存在恒定流。图 3-9（c）表明了负切向速度出现的时间段相对于正切向速度较长，这将导致在与波传播方向相反的方向上测得非零的平均周期切向速度。

如图 3-9 所示，各个周期所对应的速度变化曲线没有发生重叠，由此可知速度时间序列表现出明显的周期间变化。从 Sumer 和 Fredsøe 的试验可知，这是由在桩表面边界层中产生的湍流造成的。然而他们的测量结果表明了当距离桩侧边缘大于 50cm 时，这种情况完全消失，各周期对应的速度变化曲线在离桩较远处重叠。Sumer 和 Fredsøe 还记录了部分粒子跟踪试验的结果，试验获得的轨迹图验证了图 3-5 所示的流动图像。

如图 3-11 所示，自由圆柱在振荡流作用下将产生二维恒定流。图 3-5 所示案例中的恒定流与图 3-11 中所示的二维工况完全不同。Sumer 和 Fredsøe 在贴近桩体表面 0.1mm 处进行了速度测量，以观察在当前二维工况下水体内循环是否发生。实际并未观测到水体内循环这一运动情况。综上可知，在该工况下桩周床面边界层的整个响应过程掩盖了二维流动。

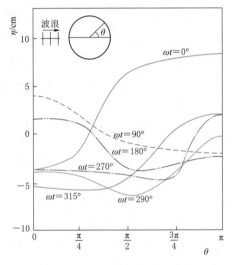

图 3-10　桩周水面变化示意图

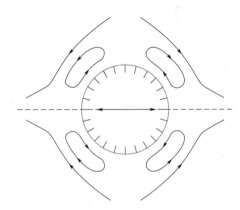

图 3-11　二维工况下受平面振荡流影响产生圆柱周围的恒定流

3.3.1　KC 数的影响

图 3-12 表明了 KC 数对于恒定流的影响。KC 数是在 $D/L=0.15$ 时，根据床面处的近底振荡流流速计算得出的。图中 U_r 为 Sumer 和 Fredsøe 在试验中所测得的距床面 0.4cm、坐标为 $(x,y)=(0,-60\text{cm})$ 测点处恒定流流速的径向分量。选择此处坐标的原因如下：①它有一定的对称性；②该测点位于水流较为强烈的区域。因此，此处是研究 KC 数对流动过程影响的合适测点。图 3-12 中标记了波浪破碎时的 KC 数，即 KC=

$0.44/(D/L) \approx 2.9$，见式（3-5）。

从图 3-12 可见，随着 KC 数的增大，以 U_r 为特征参数的恒定流随之增大。在桩径、水深和波周期一定时，波高越大，KC 数越大。波高越大，恒定流越强。综上可知，水流强度随着 KC 数的增大而增强。

3.3.2 D/L 的影响

图 3-13 表明了绕射参数 D/L 值对恒定流的影响。径向流速的测量点与图 3-12 相同，KC 数根据床面处的近底振荡流速计算所得，其值为 0.4。由图 3-13 可知，恒定流随着 D/L 值的增大而增强。随着 D/L 值增大，反射和绕射现象愈加明显，床面边界层对反射波和绕射波的响应更为显著。由于恒定流是床面边界层对反射波和绕射波响应的结果，因此恒定流随着 D/L 值的增大而增大。

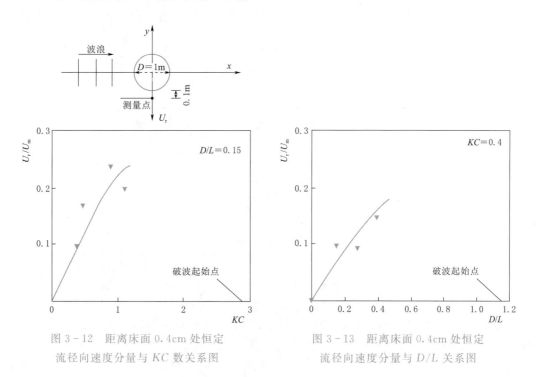

图 3-12　距离床面 0.4cm 处恒定
流径向速度分量与 KC 数关系图

图 3-13　距离床面 0.4cm 处恒定
流径向速度分量与 D/L 关系图

3.4　单桩基础冲刷

在过去的数十年，Wang 和 Herbich，Herbich、Schiller、Dunlap 和 Watanabe，Sumer 等，Kobayashi，Kobayashi 和 Oda（详见第 2 章关于小直径单桩桩周冲刷的描述）对小直径单桩桩周的波浪冲刷进行了大量的研究。随后，研究者对大直径单桩桩周冲刷的研究也逐渐增加。

对于纯水流作用下圆柱周围局部冲刷问题已经得到了大量研究，主要集中在冲刷机理和冲深预测方面。Rance、Katsui 和 Toue、Toue 等、Katsui 通过物理模型试验研究了在波浪作用下大直径垂直单桩基础的冲刷。在理论方面，Saito、Sato 和 Shibayama，Saito 和 Shibayama、Katsui 和 Toue 对圆形桩的冲刷过程进行了数值模拟，Kim、Iwata、Miyaike 和 Yu 通过数值模拟对两个圆形桩的冲刷过程进行了研究。

Sumer 和 Fredsøe 通过对靠近桩体的床面处以及远离床面处的流速进行了详细的测量，研究了在前进波作用下大直径单桩基础的冲刷，并将水流流场与冲刷过程联系起来。Sumer 和 Fredsøe 通过试验所得的速度测量结果在前两节中已经概述。以下为 Sumer 和 Fredsøe 基于冲刷测量的理论分析。

3.4.1　水流诱导冲刷的机理

Sumer 和 Fredsøe 在图 3-4～图 3-9 和图 3-12～图 3-13 所示的波浪水槽中进行了冲刷试验。

图 3-14 显示了经过 8h 水流作用桩周达到冲刷平衡阶段时桩周的床面地形。在这组试验中，波浪条件与刚性床试验中的波浪条件保持一致。

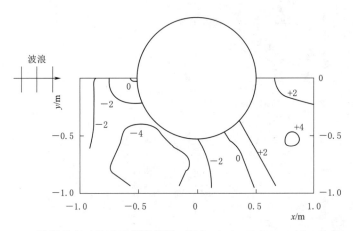

图 3-14　平衡状态时的床面等高线图（$KC=1.1$，$D/L=0.15$，单位：cm）

对比图 3-5 和图 3-14 可知，在可侵蚀河床条件下，因波浪搅动作用使得泥沙悬浮在河床附近。随后波浪引发的恒定流从 B 区向外输送，最终导致在靠近桩体的这一区域形成一个冲刷坑。如图 3-14 所示，在水动力条件下达到平衡状态的地形图揭示了桩体周边床面冲刷与淤积分布。

由图 3-4 可见，波浪引起桩体附近的波动流流速可能相当大，比最大未扰动波速大 2 倍。这表示希尔兹数瞬时值非常大（$\theta=0.4$），远大于希尔兹数未扰动值（在测试中对应 $\theta=0.125$）。这意味着泥沙易被波浪搅动随后发生悬浮。

图 3-5 所示的流场图对应于初始的平面海床情况。可见，随着冲刷和沉积的进行，波浪边界层和外部流之间的相互作用将发生变化，从而水流条件也不断发生调整。事实上，当冲刷/沉积过程达到平衡状态时，水流状态可能停止变化。然而还未有有效的测量结果可验证这一结论。

图 3-14 进一步显示在遮蔽区域（图 3-5 的 C 区）会发生沉积现象，这可以通过图

3-5 中的恒定流分布来解释。从 B 区向 C 区输送的泥沙最终将进入 C 区，从而形成图中所示的沉积分布。从图 3-14 可以看出冲刷深度可以达到桩径的 4%，该值与 Katsui、Toue 和 Rance 中关于圆形桩周围因水流作用引起的冲刷深度是一致的，也与 Fredsøe 和 Sumer 对于防波堤头部水流引起的冲刷深度的测量结果一致。

3.4.2　KC 数与 D/L 的影响

从量纲角度考虑，恒定流引起的桩周冲刷特征（例如最大冲刷深度）主要取决于以下参数，即

$$\frac{S}{D}=f\left(KC,\frac{D}{L},\theta\right) \tag{3-13}$$

式中　KC、D/L——与波浪引起的恒定流过程相关；

$\quad\quad\quad\theta$——希尔兹数，与泥沙性质相关，泥沙运动是由波诱导的波动流的分量引起的。

θ 的公式为

$$\theta=\frac{U_{fm}^2}{g(s-1)d_{50}} \tag{3-14}$$

式中　g——重力加速度；

$\quad\quad s$——砂粒的比重；

$\quad\quad d_{50}$——泥沙中值粒径；

$\quad\quad U_{fm}$——未扰动床层剪切应力速度的最大值。

U_{fm} 的公式为

$$U_{fm}=\sqrt{\frac{f_w}{2}}U_m \tag{3-15}$$

式中　U_m——在床面处水质点未扰动轨道速度的最大值；

$\quad\quad f_w$——波浪摩擦系数。

在动床冲刷（$\theta>\theta_{cr}$）工况下，其对 θ 的依赖性较弱。然而，若 θ 较大，被波浪搅动起来的泥沙将在距离床面更远处发生悬浮。在这种情况下，参数 θ 可能会产生影响。

图 3-15 和图 3-16 表示在 $D/L=0.15$ 时 $KC=0.61$ 和 0.30 所对应的桩周床面地形。从图 3-14~图 3-16 中可以看出，当 KC 数从 1.1 减小到 0.30 时，床面发生了两个变化：①冲刷区域向桩的近岸侧延伸，逐步取代了近岸区域的沉积区；②泥沙沉积开始发生在桩前和侧面。并且，随着 KC 数的减小，冲刷深度大幅减小。

图 3-17 描述了 Sumer 和 Fredsøe 在 $D/L=0.15$ 时，探索的 KC 数与 S/D 之间的关系，从而获得的相对冲刷深度。图中表明相对冲刷深度与 KC 数之间有着紧密联系，即 KC 数越大，冲刷深度越大。这一现象与恒定流强度有关，KC 数越大，床面近底振荡流流速越大，从而导致冲刷深度增加。

图 3-18 描述了在 KC 数为 0.4 时绕射参数 D/L 对相对冲刷深度的影响。如图所示，相对冲刷深度 S/D 随着 D/L 的增大而增大。相对冲刷深度 S/D 也和恒定流有关，D/L 的值随着恒定流的增大而增大（见第 3.3 节），因此冲刷也随着 D/L 的增大而增大。然

而，可以预测对于较大的 D/L 值，S/D 的增大会受到上限值的限制。

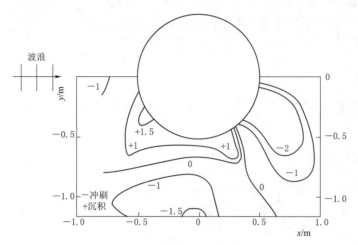

图 3-15　平衡状态时床面等高线图（$KC=0.61$，$D/L=0.15$，单位：cm）

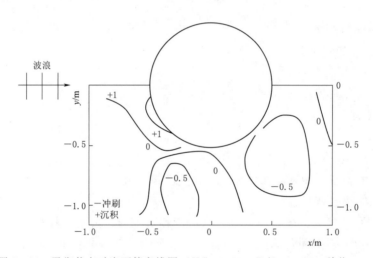

图 3-16　平衡状态时床面等高线图（$KC=0.30$，$D/L=0.15$，单位：cm）

　　图 3-19 显示了上述三个 KC 数对应的桩基周边冲刷/沉积深度的变化（图 3-14～图 3-16）。图 3-19 表明相对冲刷深度往桩的近岸一侧移动，且随着 KC 数的减小，冲刷深度减小，这与图 3-17 的结论一致。如图 3-17 和图 3-19 所示，沿着桩周的相对冲刷深度略小于在冲刷坑区域所测量的最大冲刷深度。

　　图 3-19 绘制了沿着桩周各点的相对冲刷深度。图 3-20 表示出 Sumer 等关于小直径桩（$D/L\to0$）试验中获得的相对冲刷最大值。

　　综上可知：①海床上的相对冲刷深度总是出现在桩的周围；②冲刷深度主要由 KC 数控制；③对于冲刷深度随 KC 数的变化规律，Sumer 等给出以下经验表达式：$S/D=1.3\times[1-\mathrm{e}^{-0.03(KC-6)}]$；$KC>6$，$D/L\to0$。图 3-20 中的实线表示该方程。

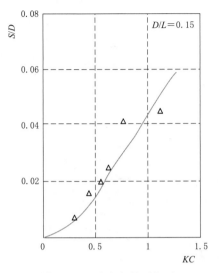

图 3-17 动床条件下相对
冲刷深度与 KC 数关系图

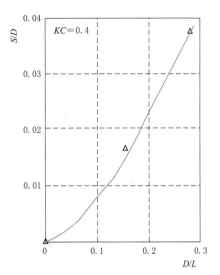

图 3-18 动床条件下相对
冲刷深度与 D/L 关系图

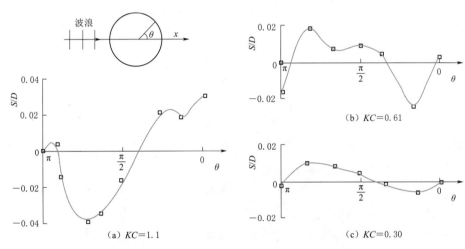

图 3-19 $D/L=0.15$ 时沿桩周长方向的相对冲刷深度

图 3-20 被划分为三个不同的区域，即

（1）对于 $KC < O(1)$，冲刷是由恒定流引起的，在前面的段落中已经详细描述。

（2）对于 $KC \geqslant 6$，冲刷是由桩周涡流作用引起的，详见第 2 章（当 $KC < 30$ 时，涡流脱落机制占主导地位；当 $KC \geqslant 30$ 时，马蹄涡作用占主导地位）。

（3）对于 $O(1) \leqslant KC < 6$，可预测分离涡会对桩周恒定流产生影响，从而引起冲刷发展进程的变化。

关于恒定流引起的冲刷问题，相对冲刷深度 S/D 随着 KC 数和 D/L 的增加而增加。研究发现当 D/L 从 0.08 增大到 0.15 时，冲刷深度的增幅非常明显。但当 D/L 进一步增大时，相对冲刷深度 S/D 的值在曲线上发生重合。尽管对这一现象还没有清晰的解释，Sumer 和 Fredsøe 将此现象与较大 D/L 值条件所对应的波动流流速的降低联系起来（后者见 MacCamy 和 Fuchs 的研究）。相对较小的 D/L 值不会使得砂土远离河床，因此在较小 D/L 工况下，水流条件会有较大差异；反过来可能会影响端部冲刷。

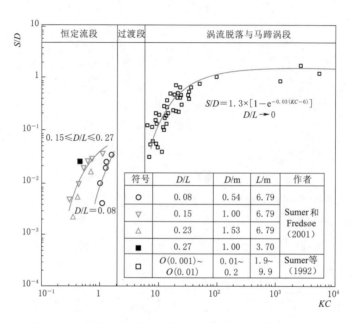

图 3-20　动床条件下 KC 数与桩周相对冲刷深度关系图

桩周冲刷问题研究可能受规模效应影响。床面上波浪边界层的场效应可能存在变化（雷诺数 Re 作用，此处 Re 是波浪边界层的雷诺数 $U_m a/\nu$ 或床面糙率效应）。希尔兹数 θ 可能较小，以致动床床面（θ 的影响，清水冲刷）不会发生冲刷。或者相反，θ 可能非常大，波动流使得海床土体处于悬浮状态（泥沙输运模式影响）。Sumer 和 Fredsøe 提出在研究中只用了一种砂土粒径（$d_{50}=0.2\text{mm}$），希尔兹数与砂粒大小的关系见式（3-14）。当考虑砂粒大小时，希尔兹数对冲刷的影响较为重要。Rance 在类似的波浪条件和动床条件下获得的相对冲刷深度（如 $S/D=0.032$），与图 3-21 中获得的相对冲刷深度（$S/D=0.038$）无本质差异，但泥沙颗粒性质完全不同，其比重为 1.4，平均粒径为 $0.39\text{mm}<d_{50}<0.83\text{mm}$。另外，两个试验最终的床面地形也比较类似。

【例 3.1】预测大型建筑物基础冲刷深度

考虑在砂粒 $d_{50}=0.2\text{mm}$ 的海床上安装一个直径为 70m 的重力式平台。当平台安置于周期 $T_\omega=15\text{s}$、波高 $H=20\text{m}$ 的波浪中，且水深 $h=104\text{m}$ 时，预测其在此工况条件下的冲刷深度。

（1）计算 L_0（深水波长）：

$$L_0 = \frac{g\,T_\omega^2}{2\pi} = \frac{9.81 \times 15^2}{2\pi} = 351\,(\text{m})$$

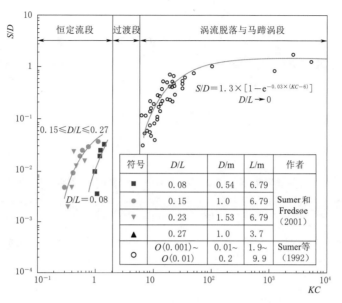

图 3-21　动床条件下桩基桩周的相对冲刷深度

（2）计算参数 h/L_0：

$$\frac{h}{L_0}=\frac{104}{351}=0.3$$

（3）根据正弦波的波形表，有

$$对于\frac{h}{L_0}=0.3,\ \sinh(kh)=3.48$$

（4）假设小振幅正弦波理论适用，计算海底水颗粒轨道运动的振幅，即

$$a=\frac{H}{2}\frac{\cosh[k(z+h)]}{\sinh(kh)}=\frac{H}{2}\frac{\cosh[k(-h+h)]}{\sinh(kh)}=\frac{H}{2}\frac{1}{\sinh(kh)}=\frac{20}{2}\times\frac{1}{3.48}=2.9(\text{m})$$

式中　z——从平均水位到海床面的垂直距离，$z=-h$。

床面上速度的最大值为

$$U_m=\frac{\pi H}{T_\omega}\frac{\cosh[k(z+h)]}{\sinh(kh)}=\frac{\pi\times20}{15}\times\frac{1}{3.48}=1.2(\text{m/s})$$

（5）检查正弦波理论是否适用，即

$$U=\frac{HL^2}{h^3}<15$$

式中　U——厄塞尔参数；

L——波长，$L=L_0\tanh(kh)$（否则，使用椭圆余弦理论）。

根据波形图有

$$对于\qquad\frac{h}{L_0}=0.3,\ \tanh(kh)=0.961$$

因此

$$L=351\times0.961=337(\text{m})$$

$$U = \frac{HL^2}{h^3} = \frac{20 \times 337^2}{104^3} = 2$$

此时 U 值小于 15。因此可以认为正弦波理论是适用的。

（6）计算海床处的 KC 数，即

$$KC = \frac{2\pi a}{D} = \frac{2 \times \pi \times 2.9}{70} = 0.3$$

（7）计算绕射参数 D/L，即

$$\frac{D}{L} = \frac{70}{337} = 0.21$$

（8）根据图 3-21 预测 $KC = 0.3$ 和 $D/L = 0.21$ 时的冲刷深度，即

$$\frac{S}{D} = 0.005 \text{ 或 } S = 0.005 \times 70 = 0.35\text{m}$$

（9）计算希尔兹数 θ：

$$\theta = \frac{U_{fm}^2}{g(s-1)d} = \frac{\dfrac{0.003}{2} \times 1.2^2}{9.81 \times (2.65-1) \times 0.0002} = 0.67$$

f_w 计算公式为

$$f_w = 0.035 Re^{-0.16}$$

假设床面是光滑的（$dU_{fm}/\nu \leqslant 10$），其结果为 0.003。其中波浪边界层雷诺数 $Re = U_m a / \nu_m$。可见希尔兹数 $\theta = 0.67$，比临界值 $\theta_{cr} \approx O(0.05)$ 大。因此在动床条件下，图 3-21 用于计算冲刷深度的图表是有效的。

【例 3.2】大型桩桩周冲刷的时间尺度

Sumer 和 Fredsøe 在另一项研究中探索了大直径桩的冲刷时间尺度。图 3-22 显示了冲刷深度随着时间发展的规律，随着时间的推移，冲刷速率逐渐减小。

从图 3-23 可以看出冲刷深度随时间发展的规律可以用指数关系表示，其中 T 是大规模冲刷发展的时间尺度。可根据冲刷深度与时间的关系曲线（图 3-23）预测该时间尺度。例如，通过计算 $t=0$ 时与 $S_t(t)$ 曲线相切的直线斜率进行计算。指数关系为

$$S_t = S\left[1 - e^{\left(-\frac{t}{T}\right)}\right] \tag{3-16}$$

本次研究设计五组测试，并利用上述方法从 $S_t(t)$ 曲线中得到时间序列。各工况对应参数见表 3-1。

表 3-1　　　　　　　　　　各工况对应参数

D/m	KC	θ	D/L	T/min	T^*
1.00	0.30	0014	0.15	26.2	0.018
1.00	0.61	0.035	0.15	32.0	0.022
0.54	0.55	0.014	0.08	14.5	0.034
0.54	1.13	0.035	0.08	12.7	0.029
0.40	1.75	0.042	0.06	5.6	0.024

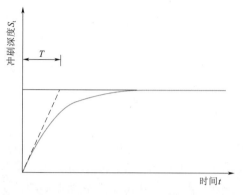

图 3-22 冲刷深度随时间的发展曲线

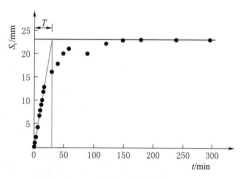

图 3-23 最大冲刷深度随时间发展的曲线（$KC=0.61$，$D=1.00\text{m}$）

在表 3-1 中，KC 数通过床面处的近底流速计算，希尔兹数用式（3-14）计算得出。T^* 是常见的标准化时间尺度。在试验中，砂粒大小为 $d_{50}=0.2\text{mm}$，波周期为 $T=3.5\text{s}$，水深为 $h=40\text{cm}$。T^* 的表达式为

$$T^* = \frac{\left[g(s-1)d^3\right]^{1/2}}{D^2}T \tag{3-17}$$

根据图 3-24 中的数据分布可知，随着希尔兹数的增加，时间尺度减小，这与小直径单桩工况下所得的结果一致（见第 2 章）。T^* 随着希尔兹数的增加而减小，因为希尔兹数越大，泥沙输运越强烈，导致形成大规模冲刷的时间越短。图 3-24 进一步表明在给定 $D/L=0.06\sim0.15$ 时，在希尔兹数保持不变的工况下，时间尺度随着 KC 数的增加而增加，这与冲刷坑体积随 KC 数的增加而显著增加有关（图 3-17）。

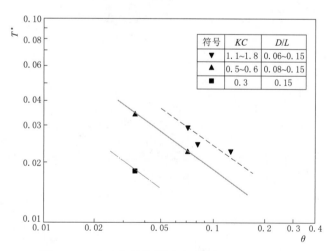

图 3-24 大直径单桩周围冲刷的标准化时间尺度

图 3-24 所示 D/L 数据范围较窄，以至于无法揭示时间尺度随参数 D/L 的变化规律。然而可以预测对于希尔兹数和 KC 数保持不变时，时间尺度会随着 D/L 的增加而增

71

加。这同样也是因为床面冲刷坑的体积将随 D/L 的增加而增加（图 3-18），因此可知时间尺度随着 D/L 增加而增加。

3.4.3　波流组合作用以及横截面形状的影响

Rance 试验中使用的桩的等效直径如图 3-25 所示。波流组合作用和横截面形状对冲刷程度的影响可参考图 3-26～图 3-30。Rance 的试验将桩放置在胶木质海床上，其比重为 1.4，中值粒径 $0.39\text{mm}<d_{50}<0.83\text{mm}$。试验保证桩受到足够大的振幅波作用，以确保整个模拟海床层处于运动状态。桩直径与波长的比值为 $D/L=0.2$。图中所示的海床地形均处于冲刷平衡阶段。图 3-26～图 3-30 中的（a）图是在波浪单独作用下，海床达到平衡状态时的地形图，图 3-26～图 3-30 的（b）图是在波和流共同作用下海床面达到平衡状态时的地形图。后一种情况下的水流和波浪的传播方向一致，且其流速为最大振荡速度的 40%。图 3-26～图 3-30 中符号 D 是等效直径，即具有与各桩相同横截面积的圆形桩的直径。

桩型	等效直径
圆形 D'	$D=D'$
方形 D'	$D=1.13D'$
六角形 D'	$D=182D'$

图 3-25　不同桩型的等效直径（Rance，1980）

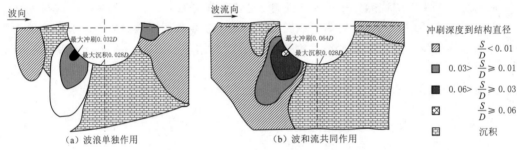

（a）波浪单独作用　　（b）波和流共同作用

图 3-26　大直径圆桩周边的冲淤示意图

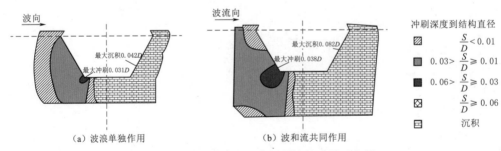

（a）波浪单独作用　　（b）波和流共同作用

图 3-27　带迎浪角的六角桩周边的冲淤示意图

从图 3-26 中可知，冲刷和沉积的总体模式基本相同。但是在波浪和水流共同作用的情况下，最大冲刷深度增加了 2 倍，冲刷的横向范围也同样增加。从图 3-27～图 3-30 中可知，在不考虑桩的横截面形状时，叠加了流（$U_c/U_m=0.4$）之后最大冲刷深度总是增加两倍，但带前导角的六角桩工况除外。在图 3-27 所示案例中，最大冲刷深度只增加了约 20%。由此可知，最大冲刷深度必然是关于速度比 U_C/U_m 的函数，其中 U_C 是水流的速度。

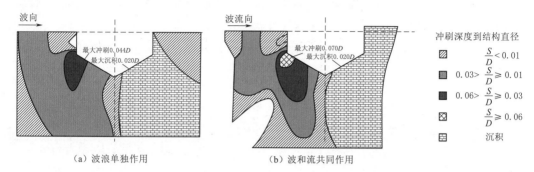

图 3-28 带迎浪面的六角桩周边的冲淤示意图

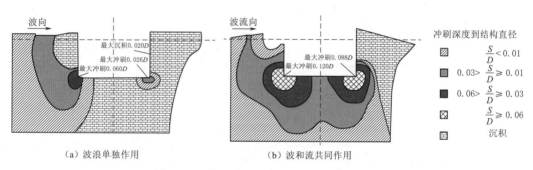

图 3-29 带迎浪面的方桩周边的冲淤示意图

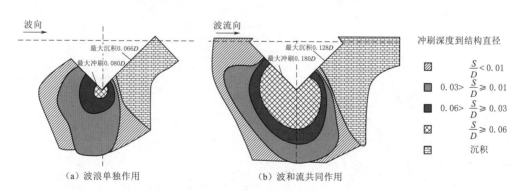

图 3-30 带迎浪角的方桩周边的冲淤示意图

通过对比图 3-26～图 3-28 可知，六边形桩周与圆形桩周的冲刷与沉积情况大致相同。最后，由图 3-29～图 3-30 可知方桩周围的冲刷更为严重。

Rance 指出，水流和波浪方向的可变性将减轻冲刷效应，并补充说明从长期来看，海床不会存在净沉积或净冲刷现象。每次风暴中波浪的平均方向都会改变，沉积和冲刷区域的位置也会随之改变，这意味着以前被侵蚀的区域将被填满。因此，关于大直径单桩的冲刷问题均是瞬态冲刷，即对应在某一风暴中将发生的最大冲刷量。

【例 3.3】近海重力式结构物周边海床冲刷观测及其防护措施

海上重力式结构物往往发挥生产性结构物的功能，比如用于开发已探明石油储量的区域。与桩支撑海上平台相比，重力式平台可凭借其巨大的重量保持其整体稳定性。由于其结构体积大，这类平台也被用作储存石油的结构。它们建在 150m 深的水域中。在北海安装的重力式结构案例如图 3-31 所示，图中给出了结构的基础形状和尺寸。从图 3-31 可

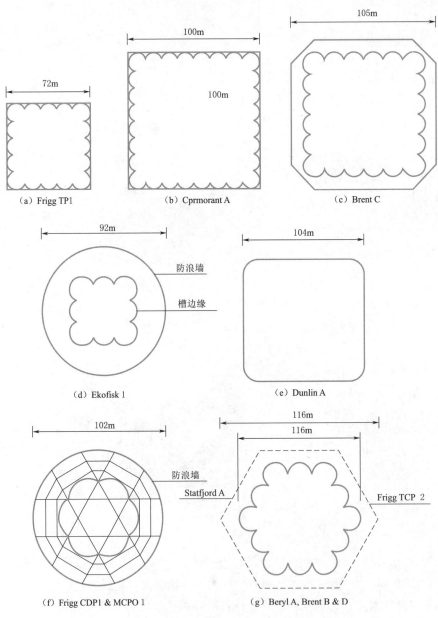

图 3-31　重力式结构基础形状

以看出，结构的尺寸通常较大，因此冲刷发生在绕射范围内。Dahlberg 汇编了 17 个重力式结构的观测数据，以下将介绍部分实测工况。

Frigg TP1 平台如图 3-31 (a) 所示，水深 104m，靠近海底的土体条件是上部为密实细砂，下部为黏土。冲刷主要发生在 1976 年夏季，冲刷部位主要出现在平台两端，冲刷深度约为 2m，如图 3-29 和图 3-30 所示。1977 年春，潜水人员在结构物周边放置了沙袋和沙砾填充物，这一冲刷防护措施可有效地阻止冲刷加剧。

Dahlberg 指出，因为距离 Frigg TP1 只有 40m 的 Frigg TCP2 没有出现冲刷现象，可以得出 TP1 的方形基底比 TCP2 的近似圆形基底对冲刷更敏感（如图 3-26、图 3-29 和图 3-30 所示）。

以第 3.4.2 节中例 3.1 为依据，对于类似条件下圆形平台的冲刷深度进行估算，$S=0.35m$。对比图 3-25、图 3-26 (a) 和图 3-30 (a) 可知，考虑到 Frigg TP1 平台的截面形状（即方形），其估值需要增加 $(0.082/0.032) \times 1.13 \approx 3$ 的因数。因此，Frigg TP1 平台的预测冲刷深度为 $S=3 \times 0.35m \approx O(1)$ m。这与观测值 2m 没有显著不同。

Brent D 平台如图 3-31 (g) 所示。水深 140m，靠近海底的土体条件是：上部为粉质细砂，下部为含砂的硬黏土层。在平台周边海床有少量局部冲刷坑（冲刷坑最深处深度约为 0.5m），其余均无冲刷。局部冲刷坑通过填充沙袋以防止冲刷加剧。

Brent B 平台如图 3-31 (g) 所示。水深 140m，靠近海底的土体条件是：上部为较薄的细砂层，下部为有含砂的硬黏土层。平台周边没有设置冲刷防护措施，且未观察到冲刷现象。类似于示例的计算，这个平台的实际冲刷深度为 0，与实际观测结果一致。由于水深增加（本案例水深比 Brent D 平台水深大 40m），导致 KC 数显著降低（图 3-20）。因此即使是尺寸达 70m 的平台，其基础周边的冲刷也几乎为零。

Dahlberg 研究发现，对于北海的重力式平台，主要利用以下几种类型的冲刷防护：

（1）多孔防波堤墙（用于 Ekofisk 1、Frigg CDP1、Frigg MCPO1 和 Ninian 平台）。

（2）扩大基础底板。

（3）采用级配良好的砾石，其宽度至少为平台边缘长度的 10%。

（4）砂袋、砾石袋或混凝土袋。

（5）挡板。结构基础底部挡板位置示意图如图 3-32 所示，安装在结构基础上的垂直钢板可以防止结构晃动，从而避免由于周期性晃动而导致的土体液化。若无挡板，土体内

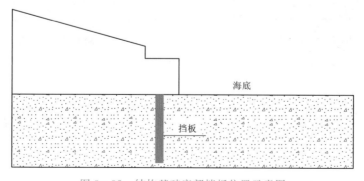

图 3-32　结构基础底部挡板位置示意图

孔隙水压力增加可能会导致土体液化，沿着建筑物地基边缘的土颗粒易发生移动，从而导致冲刷。

3.4.4　锥形结构物桩周的冲刷

Sumer 和 Fredsøe 测量了锥形结构物桩周的冲刷，其研究结果如图 3-33 所示。此冲刷试验的目的是研究碎石堆防波堤顶部边坡对冲刷过程的影响。Sumer 和 Fredsøe 使用了一个相对较大的圆锥（底部直径为 86cm）以观察恒定流对圆锥结构基础冲刷的影响。Sumer 和 Fredsøe 从试验中观测到结构物周边流的存在，并给出了床面剪应力的数据。从图 3-33 中可以看出，随着边坡坡度减小，冲刷程度随之减小。

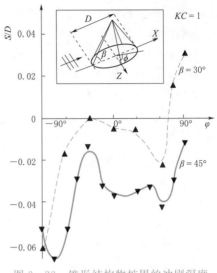

图 3-33　锥形结构物桩周的冲刷深度

3.5　水流作用下桩周冲刷

河流中桥墩局部冲刷是桥梁失稳坍塌的重要影响因素之一。在海洋结构物中，桩基础周边的冲刷同样会引起基础承载力降低，对结构整体稳定性有着重要的影响。受逆压梯度的影响，柱前形成下潜水流，并与圆柱附近分离的边界层流相互作用形成一个向下游翻滚的马蹄涡，桩后形成尾迹涡。研究表明在纯水流作用下，柱前马蹄涡与床面土体颗粒发生相互作用，床面剪应力增大使得土颗粒起动发生输移。因此，柱前马蹄涡是柱周发生局部冲刷的重要因素。随着冲刷进程的发展，下潜水流强度增大，马蹄涡大小和强度均迅速增大，因此最大冲深通常发生在柱前。而尾迹涡则会在局部形成负压区，使得床面土体更易起动。

早期针对马蹄涡的研究均是在定床条件下进行的。考虑到马蹄涡复杂的三维特征，学者们通过可视化技术对其特性进行观察分析。Belik 通过对流场进行可视化处理，观察到了柱前马蹄涡结构，并将上游流场划分为两个区域：分离流动区和附着流动区。Baker 使用烟线显示法对水槽试验中层流马蹄涡进行观察分析，发现随着雷诺数的增大，马蹄涡数量也随之增加。研究将马蹄涡结构分成具有两个涡系的稳态马蹄涡结构、具有四个涡系的规则摆动马蹄涡结构和具有六个涡系的随机摆动马蹄涡结构。Dargahi 利用了氢气泡技术和热膜风速测量法对湍流情况下桩周流场进行了测量。试验选取的雷诺数在 8400～46000 之间，发现在湍流工况下，马蹄涡体系中的涡流从分离区脱落的情况与层流相似。通过对马蹄涡结构进行分析，发现马蹄涡尺寸与桩径有关，与雷诺数无关，且马蹄涡与尾涡的关联性较弱。

随后，许多学者对水流作用下圆形桩结构物周边的流场动态和冲刷情况的关系进行分析。Roulund 等对恒定流作用下垂直圆形桩周边的流场进行了数值模拟和物理模型试验，研究了边界层厚度、雷诺数和河床粗糙度这三个参数对马蹄涡的影响。数值模拟表明了马蹄涡尺寸以及由马蹄涡作用产生的床面剪应力均随着边界层厚度与桩径比 δ/D 的增加而增加。而当 δ/D 很小时，马蹄涡将不再存在。试验发现在层流状态下，马蹄涡强度与床层剪应力随着雷诺数的增加而增加；在湍流条件下则相反。而底床粗糙度对马蹄涡尺寸和床面剪应力的影响较小。

希尔兹数是反映水流促使床砂运动的力和其抵抗运动的力的比值。希尔兹数越大，则表明泥沙可动性越强。因此，将希尔兹数是否达到临界值作为判别泥沙颗粒起动与否的标准，当希尔兹数小于临界值时，属于清水冲刷；当希尔兹数大于临界值时，则属于浑水冲刷。学者们以希尔兹数为分界，对不同冲刷条件下的影响参数进行分析。

Oliveto 等对清水冲刷条件下桥墩和桥台周围的冲刷进行了研究，试验选取了 6 种土体（其中 3 种是均质砂），研究不同的水深和河宽条件对冲刷进程的影响。Raudkivi 等的试验结果表明了清水冲刷的平衡深度和河床泥沙级配有关。随着粒径分布的标准差增大，平衡冲刷深度减小。当桩径和河床泥沙平均粒径比值小于 20～25 时，局部冲刷深度随着这一比值的降低而减小。根据试验实测数据，分析并总结出了极限平衡冲刷深度可达 $2.3D$。Zhao 等通过物理模型试验研究了恒定流作用下，淹没垂直单桩基础的局部冲刷。试验表明当桩高大于两倍桩径时，柱前相对平衡冲刷深度与桩高径比无关。通过对桩前冲刷坑的坡度进行量测，发现坡度值与泥沙的休止角比较接近。当柱体高度降低时，马蹄涡和涡流脱落强度都随之降低。当桩高小于 0.5 倍的桩径时，尾涡脱落现象消失，因此不存在床面冲刷现象。桩前平衡冲刷深度随着桩高和希尔兹数的增加而增大。利用数值模拟对试验结论进行验证，发现两者误差控制在 10％～20％。

实地观测床面冲刷程度也是研究水动力条件下冲刷对结构基础稳定性影响的一种重要手段。孙永福等对埕岛油田典型平台周边多年监测所得的水深资料进行了分析研究。现场观测发现随着时间推进，桩基冲刷强度逐渐减弱，最终达到动态的冲淤平衡状态。选取了往复流作用下的桩基周边的极限冲刷深度公式对现场工况进行验证，发现该公式适用于埕岛海域。韩海骞等对在潮流作用下钱塘江河口及杭州湾沿线桥梁基础的冲刷情况进行了调查研究，并对桥墩局部冲刷开展了水槽试验。试验重点研究了桥墩在潮流作用下的冲刷形成过程以及冲刷坑形态，结论如下：随着流速增加、桥墩阻水宽度增加、河床泥沙抗冲能力降低以及水深增加，冲刷坑深度逐渐加大。

McGovern 等在室内水槽中研究了潮汐流作用下垂直单桩周边海床冲刷形态随时间发展的规律。试验将潮汐分为两个半周期，每个半周期分解为三个时间步长，其中流速和深度不变，改变水流流动方向。在前半个周期，冲刷坑形态类似单向水流作用下产生的冲刷坑；在后半个周期，水流方向的改变延缓了已有冲刷坑的冲刷进程，使得整个冲刷坑变得更加对称。魏凯等研究了单向水流和潮汐流作用下，圆形单桩基础周边的局部冲刷发展规律。研究发现潮汐流作用下的最大冲刷深度为单向流的 -80%～60%，且在单向流作用下最大冲刷深度出现在桩前，而在潮汐流作用下最大冲刷位置随时间而变化。试验证明了护圈在潮汐作用下所发挥的防护效果较好，且增大护圈外径和降低安装高度均有利于提高防护功效。

3.6 波浪作用下桩周冲刷

波浪作用使得桩体周边水体发生周期性的往复运动，边界层得不到充分发展。柱前逆压梯度较小，因此桩前马蹄涡也未能得到完全发展。在波浪作用下床面冲刷发展进程中，柱后尾涡脱落是造成海床冲刷的主要因素。因此，桩周最大冲刷深度往往发生在背流面。KC 数是波浪作用下影响圆柱周边局部冲刷深度的主导因素。在 KC 数较小时，桩基附近的马蹄涡尺寸较小，且马蹄涡的强度随着 KC 数的降低而减小，而尾涡强度则相对较强。

Palmer 最早于 1969 年着手研究波浪作用下单桩周边的海床冲刷问题，并且监测了冲刷坑的形成过程以及局部冲刷速率。研究表明当土体颗粒中值粒径范围在 0.12～0.63mm 时，冲刷坑形态和平衡最大冲刷深度与土体特性无关。

Umeda 将在波浪作用下不同的 KC 数和希尔兹数所对应的冲刷坑形态和沙波形态进行分类。表明 KC 数对桩周涡流强度和其持续时间有决定性的作用，也主导了桩周最大冲刷深度；而希尔兹数则决定了床面冲刷类型。Bayram 等通过对波浪作用下桩基周边海床冲刷情况进行长期监测，研究认为桩周冲刷深度主要受到 KC 数的作用，且冲刷坑的尺寸取决于结构物的尺寸和海流特征。

Sumer 等通过物理模型试验，研究了在波浪作用下三种不同密实度的土体对圆桩周边冲刷程度的影响。由试验可知，当土体密实度从 0.38 增加到 0.74 时，土体摩擦角也随之增加，从而导致冲刷深度增加了 1.6～2 倍。冲刷的时间尺度也与土体密实度相关，密度度大的土体工况所对应的冲刷时间尺度也相对较大。

陈国平等通过系列模型试验对波高、周期、水深、泥沙粒径和桩柱直径等因素进行分析，研究了波浪作用下桩柱周边的局部冲刷。试验根据冲刷地形的分布形态，将其大致分为三个区域：柱前的波浪反射区、柱侧的波浪散射区以及柱后的波浪掩护区。研究发现最大冲刷深度随着波高、波长的增加而增大。随着水深增加，床面附近的水体流速降低，冲刷深度呈现减小的趋势。在水动力条件一定时，随着泥沙粒径的增大，泥沙起动流速也随之增加，从而导致最大冲刷深度的降低。在试验过程中发现最大冲刷深度随着泥沙粒径的增加而增大。这是由于泥沙粒径的增加会使得床面糙率也随之加大。研究发现在桩径大于 0.5 倍波长时，可将桩柱近似看作立墙，此时桩柱前的波浪可以看作立波，最大冲刷深度也随着增加。周益人等研究了在不规则波作用下，桩径较大（$0.15 < D/L < 0.5$）的圆柱周边的局部冲刷情况。结果表明最大冲刷深度通常发生在桩前，且最大冲深位置与砂土性质相关但并不成反比关系。

程永舟等考虑了在 KC 数较小的工况下，波高、周期和桩柱位置对斜坡砂质海床上桩柱周边局部冲刷的影响。由于波浪爬坡过程中非线性效应逐渐增强，在同一水动力条件下向岸侧近底流速大于离岸侧，冲刷程度也更为剧烈。相对于平面海床，斜坡海床上的泥沙更易发生冲刷。在 KC 数一定时，斜坡条件下桩周的最大冲刷深度大于平面海床。随后，程永舟等研究了不同桩径条件下，孤立波对淹没桩周围海床的冲刷作用。试验分析了入射波高和淹没率对局部冲刷的影响，并对比分析了在单向水流、规则波以及孤立波作用下床面冲刷形态的差异。试验得出在桩高条件保持不变时，入射波高的增大使得淹没桩周边的涡旋强度增加，水流输沙能力增强。桩周冲刷形态也随入射波高的增加，由双喇叭形向瞬态形转变。在波高条件保持不变且桩高与桩径比在 1～7 时，淹没率对桩前冲刷深度的影响较小；而桩后最大冲刷深度随着淹没率的增加而降低。通过观察冲刷地形，发现单向流和孤立波作用下的桩周地形变化相似，但最大冲刷深度位置不同。而小周期规则波作用下的地形以沙纹为主，冲刷坑尺度较小。

Dey 等认为不同土体条件下单桩周边的最大冲刷深度随 KC 数呈指数变化，并给出了在波浪作用下，预测单桩周围黏土海床和砂-黏土混合海床的平衡冲刷深度公式。

3.7 波流共同作用下桩周冲刷

随着大型海洋结构物的建立，波浪、潮流以及结构物的相互作用得到了更多重视。在波流共同作用时，结构物周边的流场较纯水流或者纯波浪作用时要复杂得多。当波浪传播方向与水流流向一致时，平均水面处的流速减小；当波浪传播方向与水流流向相反时，平均水面处的流速增大，波流叠加作用对床面冲刷的影响与波流方向密切相关。

Isaacson 采用布源法研究了双圆柱和双方柱周边的波浪场，并通过试验对圆柱桩周边的流场进行了验证。李玉成等通过数值模拟研究了波流共同作用下，大尺度圆柱墩群周边的流场。在水动力作用过程中，大尺度结构物周边会发生绕射现象。由于入射波和散射波的相互作用，结构物前出现水面壅高现象。且该现象会随着结构物尺寸的增加以及数量的增加而变得更为显著。通过波浪弥散关系发现水流对波浪的作用主要表现在对波要素的改变：在顺流时，波高减小，波长增长；在逆流时，波高增加，波长减小。通过对大尺度双柱墩群以及四柱墩群周边的波流场进行模拟，并与解析解进行对比分析，发现两者拟合程度较高。

Rance 研究了不同形状的结构，其横截面尺寸对于波流共同作用下结构物基础局部冲刷的影响，主要包括冲刷范围以及冲刷深度。试验只研究了冲刷深度与桩柱横截面尺寸的关系，而忽略了其他试验条件的影响，因此试验结论有一定的局限性。Saito 等通过物理模型试验，研究了大型海洋结构物基础的局部海床冲刷。试验表明水流作用与波流诱导的恒定流是造成泥沙运输的基本条件。然而试验结论与计算值存在差异，但是该模型给研究大型海工结构物周边的冲刷提供了一个基本框架。

秦崇仁等利用系列模型延伸法，研究了在波流共同作用下，位于砂质海床上的人工岛局部冲刷问题。通过不同比例尺的建模，研究了三种不同方向组合（波流同向、反向及正交）的波流条件下的动床冲刷。当波流同向时，人工岛周边的局部冲刷程度最大；而在波流反向时，由于动能部分抵消，此时人工岛周围的冲刷程度最低；而波流正交时的局部冲刷深度处于波流同向与反向之间。试验根据冲刷范围定义了人工岛的防护区域，并发现冲刷深度与流速平方呈线性关系，即冲刷深度与水流动能成比例关系。

Eadie 和 Herbich 对随机波和水流共同作用下圆形桩柱周边的床面冲刷展开讨论，试验发现在波流共同作用下的冲刷发展进程与最大冲刷深度均比纯水流作用时大，其中最大冲深约增加 10%。两种水动力条件下，冲刷坑形态比较类似，且冲刷坑的尺寸和形态主要与流速比相关。

李林普等通过物理模型试验，对波流共同作用下大直径圆柱体床面周边局部最大冲刷深度进行研究。分析了波高、水深、水流流速以及圆柱桩径对最大冲刷深度的影响。试验发现当相对波高 H/h 达到 $0.30\sim0.35$ 时，冲刷深度趋于最大值。此后，相对冲刷深度不再随着波高而增加。冲刷坑的体积与深度随着流速的增加而增大。在相同的水动力条件下，大直径桩体周边的冲刷形态与小直径周边的冲刷形态差距较大，且最大冲刷深度发生在桩侧 $45°\sim90°$ 的范围内。通过对试验数据进行分析，发现平衡时的冲刷深度与水流速度的平方值近似成正比关系，与秦崇仁的研究结论一致。试验最终给出了在波流作用下，预测 D/L 在 $0.3\sim0.7$ 时大直径圆柱体的最大冲刷深度公式，且给出了适用于浅海且泥沙颗粒相对较细海域的公式。

曲立清等通过青岛海湾大桥工程，利用系列模型试验对不同墩型和波流条件下床面的局部冲刷进行模拟。研究发现当水流动力较强时，波流组合条件下结构物局部冲刷深度与纯水流工况下比较接近。而在波浪作用较强但水流速度较小时，整个冲刷过程则由波浪控制。可见，在预测大直径桩周边冲刷情况时，不能将两种水动力条件直接叠加，而应重点分析波浪水流的耦合作用。

Jiang 等建立了在波流作用下垂直大直径圆桩周边冲刷形态、冲刷进程以及最大冲刷深度的物理模型。试验以波高、桩径、水深、流速为变量，研究各水动力参数的变化对桩体周边局部冲刷的影响。利用量纲分析理论，总结出在波流共同作用下大型圆柱基础底部细砂床面最大冲刷深度的理论方程。

Qi 和 Gao 对大直径单桩在波浪水流联合作用下的局部冲刷和孔压响应进行了物理模型试验，研究了桩体周边冲刷深度和海床内部孔隙水压力随时间的变化情况。试验表明波谷作用时，波浪诱导向上的渗流使得土体有效重度减小，此时海床土体更易发生冲刷。对比于纯水流作用，波浪的叠加作用使得冲刷进程与平衡时最大冲刷深度均有较大的影响。试验发现在波流组合工况下，平衡冲刷深度大于波浪和水流分别作用时的冲刷深度之和。在泥沙运动由清水冲刷转变为动床状态时，由于波浪叠加作用，非线性作用变得更为显著。在波流组合作用时，水流作用占主导地位且 KC 数较小（$KC=0.4\sim10$）时，小幅度的水流强度增加都会引起平衡冲刷深度的显著增加。在波浪作用占主导地位时，平衡冲刷深度受 KC 数的影响较大。

Sumer 等研究了波流共同作用下冲刷坑的回填过程。在同一波浪条件（或波流组合条件）下，回填平衡状态所对应的冲刷深度与桩周冲刷平衡时所对应的冲刷深度相同。回填时间尺度与初始水动力条件对应的 KC 数、回填冲刷坑时的波参数以及希尔兹参数相关。Petersen 等研究了波浪和水流作用下圆形垂直桩周边冲刷过程的时间尺度。选取两种桩径（分别为 40mm 和 75mm）进行了波浪作用、水流作用以及波流组合作用这三种水动力条件下桩周冲刷进程。研究发现冲刷时间尺度受三个参数控制，包括水流与波速比、KC 数以及希尔兹数。

程永舟等基于波流水槽试验，探讨了 KC 数和 U_{cw} 对大直径圆柱周边局部冲刷形态的影响，并考虑了冲刷特征时间尺度。将 $U_{cw}=0.43$ 作为波流共同作用下，波浪还是水流条件为主导因素的判别标准；$U_{cw}<0.43$ 时，波浪作用起主导地位，床面形态以沙纹为主；$U_{cw}>0.43$ 时，水流作用起主导地位，圆柱周围冲刷形态由双喇叭型向倒圆锥形发展。通过对实测数据分析，总结出针对波流作用时小 KC 数条件下大直径圆柱周边的冲刷深度公式。

参 考 文 献

［1］ Rance P J. The potential for scour around large objects ［A］. 1980.

［2］ Katsui H，Toue T. Inception of sand motion around a large obstacle ［J］. Coastal Engineering Proceedings，1988，1 (21)：95.

［3］ Toue T，Katsui H，Nadaoka K. Mechanism of sediment transport around a large circular cylinder ［C］// 23rd International Conference on Coastal Engineering，2013.

［4］ Katsui H，Toue T. Methodology of estimation of scouring around large - scale offshore structures ［C］// Proc. of the 3rd Intem. offshore and Polar Engrg. Conf，1993.

［5］ Isaacson M. Interference effects between large cylinders in waves ［J］. J. of Petroleum Technology，1979，31：4 (4)：502 - 512.

［6］ Isaacson M. Wave force on large square cylinders ［M］. Mechanics of wave - induced forces on cylinders，T. L Shaw Pitman Publishing，London，1979.

［7］ Sumer B M，Fredsøe J. Hydrodynamics around cylindrical structures ［M］. World Scientific，1997.

［8］ Sumer B M，Fredsøe J. Scour around a large verticalcircular cylinder in waves ［C］. Proc. 16th International Conference on Offshore Mechanics and Arctic Engineering，13 - 18. April，1997，Yokohama，Japan OMAE 1997，ASME，volume I - A，57 - 64.

［9］ Maccamy R C，Fuchs R A. Wave forces on piles：A diffraction theory ［R］. Beach Erosion Board，1954.

［10］ Sumer B M，Fredsøe J. Wave scour around a large vertical circular cylinder ［J］. Journal of Waterway Port Coastal and Ocean Engineering，2001，127 (3)：125 - 134.

［11］ Sarpkaya T，Isaacson M，Wehausen J V. Mechanics of wave forces on offshore structures ［J］. American Institute of Physics Conference Series，1982.

［12］ Abramowitz M. Handbook of Mathematical Functions ［J］. Dover Publications，1965.

［13］ Schlichting H. Boundary - Layer Theory/7th Edition ［M］. McGrawHill，2012.

［14］ Wang R K，Herbich J B. Combined current and wave - produced scour around a single pile ［R］. 1983.

［15］ Herbich J B，Jr R，Dunlap W A，et al. Seafloor scour—Design guidelines for ocean - founded structures ［J］. IEEE Journal of Oceanic Engineering，1986，11 (1)：135.

［16］ Sumer B M，Fredsøe J，Christiansen N. Scour around vertical pile in waves ［J］. Journal of Waterway Port Coastal &. Ocean Engineering，1992，118 (1)：15 - 31.

［17］ Sumer B M，Christiansen N，Fredsøe J. Influence of cross section on wave scour around piles ［J］. Journal of Waterway Port Coastal &. Ocean Engineering，1993，119 (5)：477 - 495.

［18］ Kobayashi T. 3 - D analysis of flow around a vertical cylinder on a scoured bed ［C］// Coastal Engineering，1993，3482 - 3495.

［19］ Kobayashi T，Oda K. Experimental study on developing process of local scour around a vertical cylinder. Coastal Engineering Proceedings，1994，1 (24)：1284 - 1297.

［20］ Katsui H. Study on scouring and scour protection around offshore structures ［M］. Doctoral Dissertation，University of Tokyo，1992.

［21］ Saito E，Sato S，Shibayama T. Local scour around a large circular cylinder due to wave action ［C］// Coastal Engineering. ASCE，1991，2：1795 - 1804.

［22］ Saito E，Sato S，Shibayama T. Local scour around a large circular cylinder due to wave action ［C］// Coastal Engineering. ASCE，1991，3：2799 - 2810.

[23] Kim C J, Iwata K, Miyaike Y, et al. Topographical change around multiple large cylindrical structures under wave actions [C] // Coastal Engineering. ASCE, 2012, 2: 1212-1226.

[24] Sumer B M, Fredsøe J, Christiansen N, et al. Bed shear stress and scour around coastal structures [C] // Coastal Engineering. ASCE, 2012, 2: 1595-1609.

[25] Fredsøe J, Sumer B M. Scour at the round head of a rubble - mound breakwater [J]. Coastal Engineering, 1997, 29 (3/4): 231-262.

[26] Sumer B M, Fredsøe J. Experimental study of 2D scour and its protection at a rubble - mound breakwater [J]. Coastal Engineering, 2000, 40 (1): 59-87.

[27] Sumer B M, Fredsøe J. Time scale of scour around a large vertical cylinder in waves [C]. The Twelfth International offshore and Polar Engineering Conference. One Petro, 2002.

[28] Fredsøe J, Deigaard R. Mechanics of coastal sediment transport [M]. World Scientific, 1992.

[29] Dahlberg R. Observations of scour around offshore structures [J]. Canadian Geotechnical Journal, 1983, 20 (4): 617-628.

[30] Sumer B M, Fredsøe J. Scour around pile in combined waves and current [J]. Journal of Hydraulic Engineering, 2001, 127 (5): 403-411.

[31] Belik L. The secondary flow about circular cylinders mounted normal to a flat plate [J]. Aeronautical Quarterly, 1973, 24 (1): 47-54.

[32] Baker C J. The laminar horseshoe vortex [J]. Journal of Fluid Mechanics, 1979, 95 (2): 347-367.

[33] Dargahi B. The turbulent flow field around a circular cylinder [J]. 1989, 8 (1-2): 1-12.

[34] Roulund A, Sumer B M, Fredsøe J, et al. Numerical and experimental investigation of flow and scour around a circular pile [J]. Journal of Fluid Mechanics, 2005, 534: 351-401.

[35] Oliveto G, Hager W H. Temporal evolution of clear - water pier and abutment scour [J]. Journal of Hydraulic Engineering, 2002, 128 (9): 811-820.

[36] Raudkivi A J, Ettema R. Clear water scour at cylindrical piers [J]. J. Hydraulic Engineering, ASCE, 1983, 109 (3): 338-350.

[37] Zhao M, Cheng L, Zang Z. Experimental and numerical investigation of local scour around a submerged vertical circular cylinder in steady currents [J]. Coastal Engineering, 2010, 57 (8): 709-721.

[38] 孙永福, 宋玉鹏, 孙惠凤, 等. 潮流作用下海洋平台桩基冲刷过程及冲刷深度计算 [J]. 海洋科学进展, 2007 (2): 178-183.

[39] 韩海骞, 熊绍隆. 潮流作用下桥墩局部冲刷规律研究 [J]. 浙江水利科技, 2014, 42 (5): 5.

[40] Mcgovern D J, Ilic S, Folkard A M, et al. Time development of scour around a cylinder in simulated tidal currents [J]. Journal of Hydraulic Engineering, 2014, 140 (6): 04014014.

[41] 魏凯, 王顺意, 裘放, 等. 海上风电单桩基础海流局部冲刷及防护试验研究 [J]. 太阳能学报, 2021, 42 (9): 338-343.

[42] Palmer H D. Wave induced scour on the sea floor [M]. New York: Proc Vic Engrg, ASCE, 1969.

[43] Umeda S. Scour regime and scour depth around a pile in waves [J]. Journal of Coastal Research, 2011, 6 (7): 845-849.

[44] Bayram A, Larson M. Analysis of scour due to breaking and non - breaking waves around a group of vertical piles in the field [J]. 2000.

[45] Sumer B M, Hatipoglu F, Fredsøe J. Wave scour around a pile in sand, medium dense, and dense silt [J]. Journal of Waterway Port Coastal and Ocean Engineering, 2007, 133 (1): 14-27.

[46] 陈国平, 左其华, 黄海龙. 波浪作用下大尺径圆柱周围局部冲刷 [J]. 海洋工程, 2004, 22 (1): 7.

[47] 周益人, 陈国平. 不规则波作用下墩柱周围局部冲刷研究 [J]. 泥沙研究, 2007 (5): 17-23.

［48］ 程永舟，唐雯，李典麒，等. 波浪作用下斜坡沙质海床上桩柱周围局部冲刷试验研究 ［J］. 水科学进展，2018，29（2）：260－268.

［49］ Dey S，Helkjaer A，Sumer B M，et al. Scour at vertical piles in sand－clay mixtures under waves ［J］. Journal of Waterway Port Coastal and Ocean Engineering，2011，137（6）：324－331.

［50］ 张卓，宋志尧，孔俊. 波流共同作用下流速垂线分布及其影响因素分析 ［J］. 水科学进展，2010，21（6）：801－807.

［51］ 李玉成，刘德良，陈兵，等. 大尺度圆柱墩群周围的波流场的数值模拟 ［J］. 海洋通报，2005（2）：1－12.

［52］ 秦崇仁，肖波. 波浪水流共同作用下人工岛周围局部冲刷的研究 ［J］. 海洋学报，1994，16（3）：9.

［53］ Eadie R W，Herbich J B. Scour about a single, cylindrical pile due to combined random waves and a current ［C］// Coastal Engineering，1986，3：1858－1870.

［54］ 李林普，张日向. 波流作用下大直径圆柱体基底周围最大冲刷深度预测 ［J］. 大连理工大学学报，2003，43（5）：676－680.

［55］ 曲立清，周益人，杨进先. 波流共同作用下大型桥墩周围局部冲刷试验研究 ［J］. 水运工程，2006（4）：5.

［56］ 姜萌，李林普，韩丽华，等. Study on scour around vertical large－size cylinder base due to combined action of wave and current ［J］. 哈尔滨工业大学学报：英文版，2011，18（4）：6.

［57］ Qi W G，Gao F P. Physical modeling of local scour development around a large－diameter monopile in combined waves and current ［J］. Coastal Engineering，2014，83：72－81.

［58］ Sumer B M，Petersen T U，Locatelli L，et al. Backfilling of a scour hole around a pile in waves and current ［J］. Journal of Waterway Port Coastal & Ocean Engineering，2013，139（1）：9－23.

［59］ Petersen T U，Sumer B M，Fredsøe J. Time scale of scour around a pile in combined waves and current // Proceeding of the Sixth International conference on scour and erosion，2012.

［60］ 程永舟，姜松，吕行，等. 波流共同作用下大直径圆柱局部冲刷试验研究 ［J］. 应用基础与工程科学学报，2021，29（3）：11.

第 4 章
群桩基础冲刷

群桩基础在海洋工程中广泛应用于各类结构物的支护。由于群桩基础中各桩柱周围水流作用的相互影响，群桩基础周边的冲刷情况与单桩基础工况有显著不同。本章将重点研究恒定流条件下群桩周围的冲刷情况，随后讨论了在波浪作用下、波流共同作用下群桩基础周围的冲刷情况。最后，本章将系统地描述桩群基础周边的整体冲刷和局部冲刷。

4.1 恒定流作用下的群桩基础冲刷

如第 2 章所述，在恒定流条件下，马蹄涡是引发桩体周围冲刷的关键因素之一。同时，尾涡对桩群的冲刷也起着重要作用。例如在双桩串联布置 [图 4-1 (b)] 的情况下，上游桩后尾涡是影响下游桩周围冲刷的重要因素。由于桩群周边水流作用的互相干扰，马蹄涡和尾涡均随着时间不断变化，从而导致桩群周边的冲刷过程呈现出动态变化。

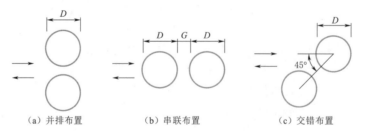

(a) 并排布置　　　　　(b) 串联布置　　　　　(c) 交错布置

图 4-1　双桩布置构型

4.1.1 双桩工况下的冲刷

双桩构型大致分为并排布置、串联布置和交错布置三种布置方式（图 4-1）。尾涡和马蹄涡的干扰程度受桩群布置影响。考虑尾涡的干扰作用，对于围绕双桩的二维水流问题（考虑到其在近海工程和核工程领域中的实际应用，重点研究了结构振动及结构受力）已经进行广泛的研究。Zdravkovich 对这一问题进行了全面的分析。

图 4-2 对双桩系统周边流场的相互干扰情况进行了分区。图 4-3 给出了并排布置和串联布置两种基本构型下桩周流态的变化规律。由图 4-3 可知，双桩并排布置且桩间净距与桩径比值 $G/D<0.25$ 时，可将两个桩体视为一个整体，此时双桩周边的流态呈现单涡街型。随着 G/D 的增大，双桩周边水流流态呈现偏隙流型和涡街耦合型。只有当 G/D 达到 3 时，桩体后的涡街才变得"不耦合"。而在双桩串联布置的情况下，从来流方向可将两个桩体视为一个整体，因此只有在 $G/D<0.15$ 时桩周存在涡街；当 G/D 增加到 3 时桩周形成双涡街体制。

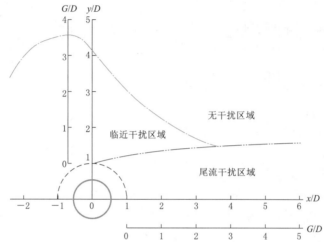

图 4-2　双桩系统在不同桩间距时的流场分区图

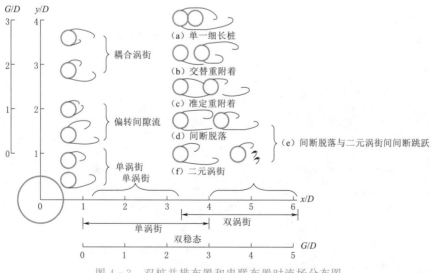

图 4-3　双桩并排布置和串联布置时流场分布图

当 $G/D>3$ 时，下游桩柱后的涡街被 Zdravkovich 定义为二元涡街。在桩间距离较大时，涡流形态均由两个涡体组成（一个在上游桩柱后形成，另一个在下游桩柱后形成）。

以下研究在前面单桩章节的基础上进行：

（1）在双桩并排布置情况下，如图 4-1（a）所示，考虑单个马蹄涡的边宽，并按照桩径进行标准化，得出无量纲化桩间距值 $G/D>O(2)$ 时马蹄涡互扰效应较小。

（2）在双桩并排布置且桩间距较小的情况下，桩周流态类似于单桩作用。由图可知，当 G/D 非常小 [即 $G/D<O(0.1)$] 时会形成独立的马蹄涡（其尺寸要比等直径单桩情况下大得多）。

（3）当桩间距值在两个极限值之间时，即 $0.1<G/D<2$ 时，可观察到预期的互扰效应。

（4）在双桩串联布置的情况下，如图 4-1（b）所示，当桩间距较小时，后排桩前的马蹄涡会发生明显的破坏。同时，通过研究尾涡互扰作用（图 4-3）可以推断出下游桩马蹄涡只在 $G/D>O(3)$ 时存在。然而，由于桩体"遮蔽"作用，在双桩串联时马蹄涡的尺寸相比于单桩工况下较小。

（5）在双桩串联布置时，前桩马蹄涡受下游桩的影响较小。主要是因为下游桩引起略大的"堵塞"效应（因为尾涡的尺寸增大，导致其宽度随之增大）。由此产生了一个相对较大的逆压梯度，从而形成相对较大的马蹄涡。从图 4-2 可知，当 $G/D<O(3)$ 时出现这种情况。

4.1.1.1　并排布置双桩基础冲刷

Hannah 研究了在恒定流和清水条件下的双桩桩群基础冲刷。Breusers 和 Raudkivi（1991）总结了相关的研究结果。试验所用泥沙 $d_{50}=0.75$mm，桩径 $D=3.3$cm，流速 $V=28.5$cm，水流深度 $h=14$cm。希尔兹数为 0.03，略小于临界值，表明为清水工况。该试验测试时间为 7h。研究表明在此水动力条件下，7h 后的冲刷深度可达平衡冲刷深度的 80%。

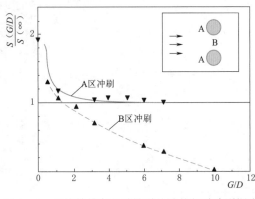

图 4-4　双桩并排布置时桩群基础的相对冲刷深度

双桩并排布置时桩群基础的冲刷数据如图 4-4 所示，其中 $S(\infty)$ 为相同水流条件下单桩冲刷深度的实测值。如图所示，在桩间距较小时，并排布置的双桩基础冲刷深度将大大增加。当 G/D 接近 0 时，冲刷深度为相同水动力条件下单桩基础冲刷深度的 2 倍。导致该现象发生的原因在于当桩间距较小时，马蹄涡尺寸较大。同时，相邻桩之间存在较强的间隙流。随着桩间距的增加，桩柱周边的冲刷深度减小，最终接近于相同水动力条件下单桩基础的冲刷深度值。如前所述，这是因为马蹄涡流的互扰效应随着桩间距的增大而减弱。值得注意的是，即使在桩间距较大的工况下，双桩并排布置时桩周冲刷深度仍大于单桩工况，增幅约为 5%。即使 G/D 增加到 7，仍存在轻微的桩间互扰效应。当 $G/D>2$ 时，双桩中间处的冲刷深度（B 点处）随着桩间距的增大而减小。当 G/D 增加到 10 时，B 处的冲刷深度为 0，此时可将双桩系统视为两个独立的冲刷单桩。

4.1.1.2 串联布置双桩基础冲刷

图 4-5 为在不同的桩间距条件下，双桩串联布置时桩周冲刷深度和在相同水动力条件下单桩基础的冲刷深度的对比。由图可知，随着 G/D 的增加，迎流侧桩的冲刷深度会先增大，并达到一个最大值（其值约高于单桩工况的 30%）。当 $G/D>1$ 时，冲刷深度逐步减小，并最终达到相同水动力条件下单桩工况时的冲刷值。如前文所述，当桩间距 $G/D<3$ 时，冲刷深度增加的一部分原因是前桩马蹄涡强度增加。由图 4-5 进一步可知，后桩冲刷深度始终小于单桩工况下的冲刷深度。此外，当 G/D 达到 3 时，冲刷作用明显减小。与相对桩间距达到 3 时，下游开始形成马蹄涡这一现象相吻合。而后桩冲刷深度小于单桩冲刷深度的原因是双桩串联布置时后桩马蹄涡小于单桩工况下的马蹄涡强度。

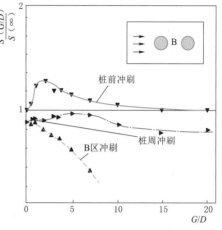

图 4-5 双桩串联布置时桩群基础的相对冲刷深度

与双桩并排式布置相似，随着 G/D 的增加，两桩中间处（B 点）的冲刷深度逐渐减小。当 G/D 增加到 10 时，该点的冲刷深度趋于零。

4.1.1.3 交错布置双桩基础冲刷

Breusers 和 Raudkivi 研究了当来流方向与桩中心连线形成一定夹角时，双桩基础冲刷深度与相同水动力条件下单桩冲刷深度的比值关系。当 $G/D=5$ 时，来流角对群桩基础冲刷深度的影响如图 4-6 所示。一般情况下，随着来流角的增大，群桩基础整体冲刷

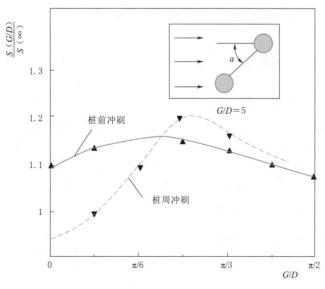

图 4-6 入射角对双桩桩群基础冲刷深度的影响

深度呈现先增大后减小的趋势。对于前桩，随着桩群在垂直于来流方向上的投影区面积增大，导致逆压梯度增加，进而引起马蹄涡强度增大，最终导致了冲刷深度的增加。当来流角较大时，各桩的投影区域将不再重叠，双桩耦合的马蹄涡开始转变为单桩的马蹄涡，马蹄涡强度降低，导致冲刷深度呈现减小趋势。

后桩的冲刷深度随着来流角的增大而增大，在来流角增至 45°时达到最大冲刷深度值。原因是随着来流角的增大，前桩对后桩的遮挡作用开始减弱。失去遮挡作用的后桩呈现出与前桩较为接近的冲刷程度。当来流角大于 45°且进一步增加时，各桩可视为单桩，冲刷深度由该水动力条件下单桩基础冲刷性质所决定。

4.1.2　三桩工况下的冲刷

如图 4 - 7 所示，Gormsen 和 Larsen 对两种布置型式的三桩桩群基础的冲刷深度进行了研究。试验条件为：桩径 $D=$ 7.5cm，水流流速 $V=56$cm/s，水流深度 $h=22.5$cm，泥沙中值粒径$d_{50}=0.55$mm，对应的希尔兹数为 0.1。试验对三种桩间净距（$0.75D$、$2.0D$ 和 $5.0D$）和两种三桩布局型式进行了研究，分别测量前桩与后桩的冲刷深度如图4 - 7 所示。试验发现三桩桩群基础的冲刷深度与相同水动力条件下的单桩工况相比，增加了 5% ～ 15%。如图 4 - 7 所示，也存在一些冲刷深度保持不变的工况，甚至有在下游桩处冲刷深度减小的情况，这主要与希尔兹数有关。

布置形式与测量间距	G/D	$S(G/D)/S(\infty)$
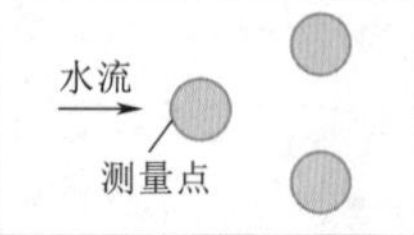 水流　测量点	0.75	1.04
	2.0	1.0
	5.0	1.17
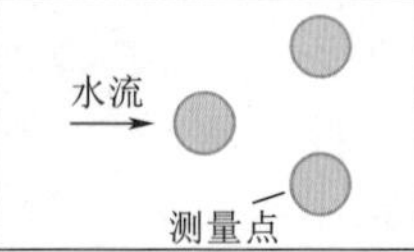 水流　测量点	0.75	1.03
	2.0	1.0
	5.0	1.22
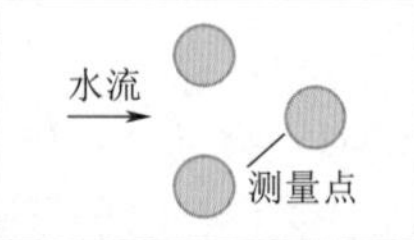 水流　测量点	0.75	1.0
	1.6	1.0
	3.3	0.92
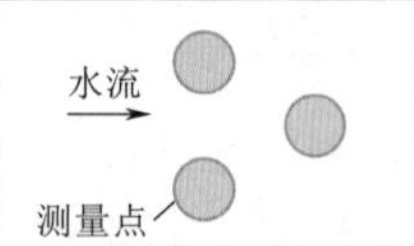 水流　测量点	0.75	1.12
	1.6	1.08
	3.3	1.03

图 4 - 7　三桩桩群布局及桩间距对冲刷深度的影响

4.2　波浪作用下的群桩基础冲刷

在过去数十年中，很多学者展开了波浪作用下单桩基础的冲刷研究，而对波浪作用下群桩基础的冲刷所知甚少。Chow 和 Herbich 首次对波浪作用下的群桩冲刷进行了研究。Chow 和 Herbich（也见 Herbich 等的相关研究）研究了六脚、四脚和三脚不同桩结构的冲刷，发现影响冲刷的关键因素之一是桩间距。Chow 和 Herbich 研究了桩间间距相对较大时，即 $G/D \geqslant 3$ 时桩间距对冲刷的影响。串联布置的双桩、并排布置的双桩，以及三桩结构（实际工况中遇到的各种桩群的基本组装形式）研究较少。

此外，在 Chow 和 Herbich 的研究中，未全面结合流体动力学理论，尤其是 KC 数的作用尚不明确。因此，Chow 和 Herbich 的分析主要是基于经验资料进行的。随后，Sumer 和 Fredsøe 对波浪作用下群桩桩周的冲刷进行了系统地研究，其中群桩阵型如图 4 - 8 所示。Sumer 和 Fredsøe 的研究实际上是对之前波浪作用下单桩桩周冲刷的研究进行拓展延伸（Sumer 等，1992；1993），重点研究 G/D 在 $0\sim\infty$ 时桩周冲刷程度的变化规律，以及 KC 数对冲刷的影响。

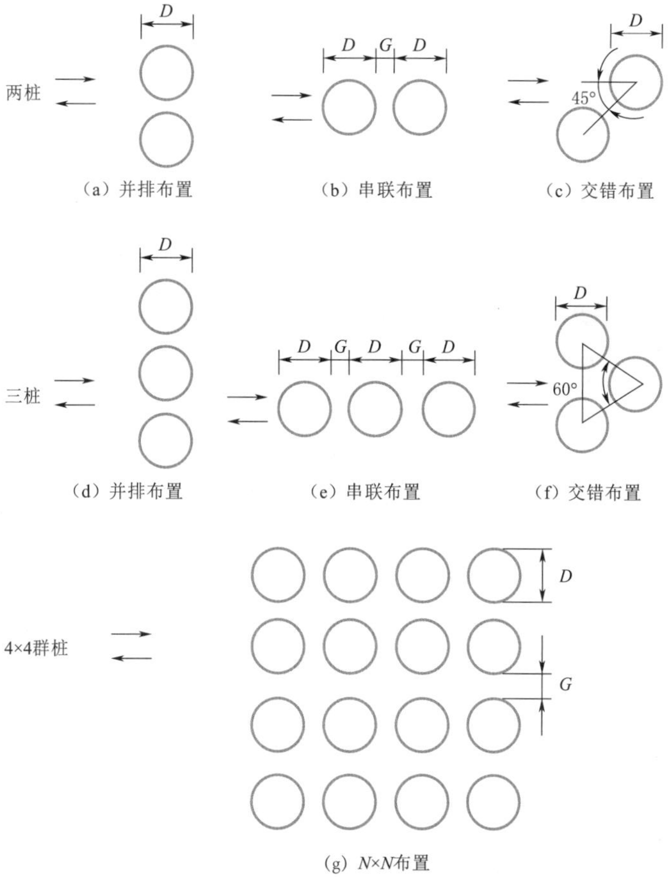

两桩

（a）并排布置　　　　　（b）串联布置　　　　　（c）交错布置

三桩

（d）并排布置　　　　　（e）串联布置　　　　　（f）交错布置

4×4群桩

（g）$N\times N$布置

图 4-8　群桩试验阵型（Sumer 和 Fredsøe，1998）

下文将基于 Sumer 和 Fredsøe 的研究，结合典型案例来描述波浪作用下群桩桩周的冲刷。

对于单桩暴露在波浪中的工况，动床的冲刷深度主要取决于 KC 数，即

$$\frac{S}{D}=f(KC) \qquad (4-1)$$

对于群桩而言，存在一个附加参数的影响，即无量纲化的桩间距 G/D，由此得到冲刷深度

$$\frac{S}{D}=f\left(KC,\frac{G}{D}\right) \qquad (4-2)$$

Sumer 和 Fredsøe 的试验选取了动床工况作为研究对象。图 4-9 表示当 $G/D=0.4$，$KC=6$，且双桩并排布置时，两桩达到平衡阶

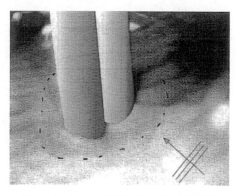

图 4-9　双桩并排布置时冲刷坑示意图

段时冲刷坑示意图。

以桩径为基础将最大平衡冲刷深度进行无量纲化，得到 S/D；并将桩间距进行无量纲化，得到 G/D。图 4-10 表示了当 $KC=13$ 时冲刷坑平面图范围 L_x/D、L_y/D 与 G/D 的关系。

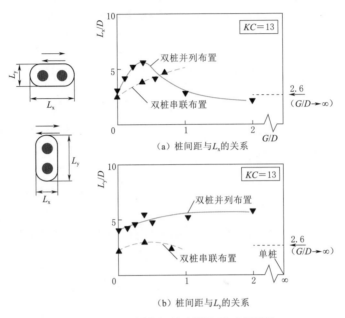

图 4-10 不同桩间距冲刷坑平面范围图

4.2.1 双桩工况下的冲刷

4.2.1.1 并排布置双桩基础冲刷

Sumer 和 Fredsøe 通过试验表明，除了很小的桩间净距比（$G/D<0.1$）或很大的桩间净距比（$G/D>2$），最大冲刷深度总是在出现在两桩的中间位置。当 $G/D<0.1$ 时，最大冲刷深度出现在桩外边缘。原因是当相对桩间净距很小时，双桩可视为一个单桩；而当 $G/D>2$ 时，桩间互扰效应逐步降低，此时每个桩可看作一个独立单桩，因此最大冲刷深度出现在单桩边缘。从图 4-11 可知，随着 G/D 的增加，最大冲刷深度首先增大，并逐步达到最大值，约为 $0.85D$。当 G/D 约为 0.3 时，冲刷深度开始减小；当 $G/D>2$ 时，其冲刷深度接近相同水动力条件下单桩周边的冲刷值。在 G/D 为 $0.3\sim2$ 时，桩间距的减小引起冲刷深度增大。原因之一是桩间间隙流引发的高强度输沙现象（"射流"效应），另外来自桩柱外边缘尾涡强度的增加也会引起冲刷加剧。

图 4-12 和图 4-13 为 Sumer 和 Fredsøe 对桩间净距与底床剪切应力之间的关系进行对比分析的结果。图 4-12 为底床剪应力绝对值最大值，图 4-13 为底床剪应力波动的均方根值，均以未扰动底床剪应力为基础进行无量纲化。再通过与无量纲化桩间净距 G/D 进行探讨分析。以双桩串联布置和并排布置的中间位置作为测量点。由图 4-12 可知，当 G/D 值较小且双桩并排布置时，桩间中心处的平均床层剪应力比未受扰动的床层剪应力大 $4\sim6$ 倍。如图 4-13 所示，双桩并排布置时底床剪应力波动均方根值也表现出大于未

受扰动的工况，这是由于桩间间隙流引起的高强度泥沙输运，进而大幅度增加了冲刷深度。Williamson 研究了在振荡流中桩体位置关系对尾涡的影响，在 KC 数范围为 $7\sim15$ 时桩周涡流的研究结果如图 4-14 所示。图 4-14 (a) 和 (b) 为双桩并排布置时桩周涡流示意图。

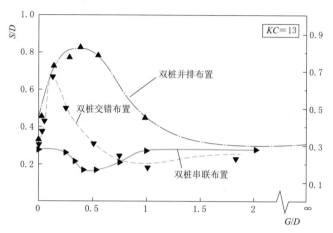

图 4-11 平衡冲刷深度与桩间距的关系

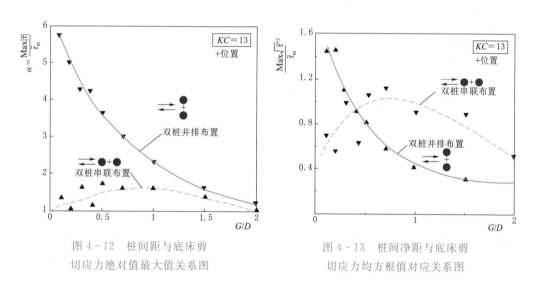

图 4-12 桩间距与底床剪切应力绝对值最大值关系图

图 4-13 桩间净距与底床剪切应力均方根值对应关系图

由图 4-14 (a) 可见，涡流同步脱落发生在每半个周期的桩体间隙两侧。相对于较小间隙（$G/D<0.5$），桩体表现为比单桩结构更大的实体。由图 4-14 (b) 可见，涡旋脱落发生在逆流时桩体的外边缘。当桩间净距较小（$G/D<0.5$）时，桩外边缘尾涡强度大于相同水动力条件下单桩的尾涡强度，从而加剧冲刷深度。因此，当桩间净距较小时，最终平衡冲刷深度将显著增加（图 4-11）。

Sumer 和 Fredsøe 的试验表明，当 $G/D>3$ 时，可以识别出两个非常明显的局部冲刷坑。而当 $G/D<2$ 时，两个局部冲刷坑将合并成一个冲刷坑。由图 4-11 可知，当 $G/D>2$ 时，桩间的互扰作用可忽略不计。这也与前面的论证相一致，当间距比 G/D 超

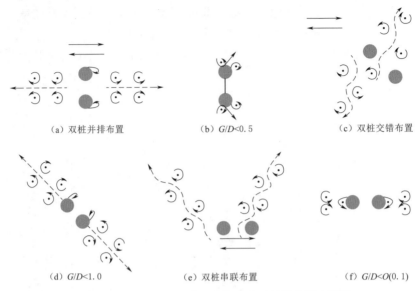

（a）双桩并排布置　　　　　（b）G/D<0.5　　　　　（c）双桩交错布置

（d）G/D<1.0　　　　　（e）双桩串联布置　　　　　（f）G/D<O(0.1)

图 4-14　7<KC<15 时，桩柱布置对尾涡的影响图示

过某一临界值后，两个自由且并排的桩体在恒定流中不会产生干扰。当 G/D 为 0 时，两桩可视为单桩，本例中无量纲化冲刷深度为 S/D=0.34，在对应的 KC 数条件下单桩工况时的 S/D 值约为 0.3。

图 4-10 为冲刷坑平面尺寸在不同桩间净距条件下的变化示意图。L_x 和 L_y 分别为冲刷坑在沿着水流方向和垂直于水流方向的平面尺寸。图 4-10（a）所示双桩并排布置时，L_x 随 G/D 的变化规律与图 4-11 非常相似，其结果可以用与图 4-11 类似的方式来解释。从图 4-10（b）可见，沿流方向冲刷坑的尺寸随着 G/D 的增加而增加。

4.2.1.2　串联布置双桩基础冲刷

在双桩串联布置时，最大冲刷深度往往发生在桩侧边缘。由图 4-11 可知，相邻桩对冲刷深度的影响与双桩并排布置时的影响完全相反。在双桩串联布置时，冲刷深度首先随 G/D 的增加而减小，并在 G/D 约为 0.5 时达到最小值，该值比单桩工况下的冲刷深度小 2 倍。当 G/D>0.5 时，冲刷深度开始增大，直至达到其单桩冲刷值。Williamson 观测双桩串联布置时的流态发现，除了很小的间距比（G/D<0.1），涡流脱落模式如图 4-14（e）所示，分岔后每个桩后都存在两条涡街，且涡街与流向形成夹角 β。Williamson 的研究表明，当 O(0.1)<G/D<1 时，β=0°；当 G/D≥4 时，β=90°（对应的是横向涡街）。此外，Williamson 研究表明对于间隙非常小的工况，每半个周期的涡旋脱落只发生在下游桩后方。

在图 4-11 中，由于涡流脱落被部分抑制，导致冲刷深度减小。当桩间净距在 0.1<G/D<1 时，上游桩后的涡旋脱落部分或全部被抑制，从而最终导致冲刷减小（β=0°）。图 4-12 表明床层剪切应力有适度增加（增幅为 0～50%）。这两种机制是相互抵消的，但从图 4-11 可见，最终呈现冲刷减小的趋势。

当 G/D<0.1 时，涡旋脱落恢复，两桩可视为一个单体。涡旋脱落发生的方式与单桩条件下大致相同，因此冲刷深度恢复到单桩工况下的冲刷值（图 4-11）。同样的，当

$G/D>1$ 时，两桩可以视为互不干扰的独立桩，因此冲刷深度也恢复到单桩工况下的冲刷值。如图 4－10（a）所示，沿流方向 L_x/D 的冲刷范围随着 G/D 的增加而增加，而垂直于来流方向上 L_y/D 冲刷范围受桩间距的影响较小，这可能是由于尾涡与桩沿直线（$\beta=0°$）对流造成的。

4.2.1.3 交错式布置双桩基础冲刷

为研究来流角度对群桩周边冲刷深度的影响，Sumer 和 Fredsøe 进行了来流角为 45° 的双桩冲刷试验，如图 4－8（c）所示。所采取 KC 数与前述试验相同，即 $KC=13$。其中值得注意的是 $G/D<0.5$ 时的冲刷深度。如图 4－14（d）所示，Williamson 通过流体可视化的结果表明，进入流体中的涡旋被对流送离桩体。由图 4－14（a）、图 4－14（b）、图 4－14（e）和图 4－14（f）可知，在其他桩体布置中也存在对流机制将泥沙从桩周带走的现象，显然这种作用有助于冲刷；还有一个原因是间隙流效应，但此布置情况下的间隙流效应显然没有并排布置时明显。如图 4－11 所示，在本例中桩轴与来流方向成 45° 夹角时，冲刷深度仅增加了约 2 倍。

4.2.2 三桩工况下的冲刷

图 4－15 和图 4－16 比较了在 $KC=13$ 时，双桩、三桩分别在并排式和串联式布置情况下的冲刷深度随着桩间净距变化的规律。其中双桩基础冲刷结果同图 4－11。当 $G/D<0.5$ 且桩群以并排式布置时，三桩桩群基础冲刷深度相对于双桩增加了 $20\%\sim30\%$，这是由于暴露在尾涡中的床面面积增加所引起的。而当桩群串联式布置时，三桩与双桩的冲刷深度没有显著差异。需要注意的是：①在 $G/D=0.5$ 时，双桩桩周冲刷深度与三桩在 $G/D=0.2$ 时发生的冲刷深度接近；②当 $G/D=0$ 时，三桩的冲刷程度比双桩情况下小。这是因为将三桩桩群视作单桩时，其有效 KC 数减小（此时单桩纵向尺寸为 $3D$）。图 4－17 表示在 KC 数为 13 时，以三角形布置时的冲刷深度与桩间距 G/D 的关系。

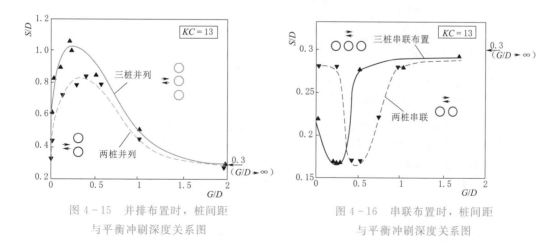

图 4－15　并排布置时，桩间距与平衡冲刷深度关系图　　　图 4－16　串联布置时，桩间距与平衡冲刷深度关系图

可以看出，三角形布置与并排式布置时，冲刷深度与桩间净距的关系类似（图 4－11）。即在图 4－17 中，两个并排桩（桩 2 和桩 3）的冲刷深度随 G/D 的增加而增加，

并在 $G/D = 0.3$ 时达到冲刷深度最大值，S/D 为 $0.5 \sim 0.6$。随后在 $G/D = 3$ 时，S/D 值下降至约 0.2。图 $4-17$ 中 1 号桩的冲刷深度变化规律与 2 号、3 号桩类似，但冲刷深度整体偏小。桩 2 和桩 3 的冲刷深度小于相同水动力条件下并排布置桩的冲刷深度，其主要是由于本例中 1 号桩所产生的"遮挡"效应。

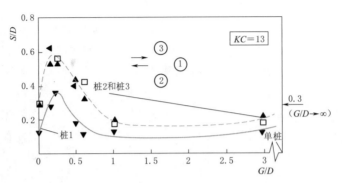

图 $4-17$　三角形布置时，桩间距与平衡冲刷深度关系图

4.2.3　4×4 正方形布置工况下的冲刷

图 $4-18$ 给出了在以 4×4 正方形布置时，桩群基础的冲刷深度与桩间净距之间的关系。其中 KC 数与图 $4-8$ 相同，即 $KC = 13$ 和 $KC = 37$。图中还显示了在同一 KC 值条件下，单桩工况下的冲刷程度（$G/D \to \infty$）。试验发现最大冲刷深度始终发生在群桩第一排的角桩处。值得注意的是，在 $KC = 37$ 时，冲刷深度随 G/D 的变化情况与两桩和三桩在并排布置时的情况相似（图 $4-15$）。

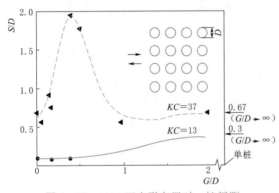

图 $4-18$　4×4 正方形布置时，桩间距与平衡冲刷深度关系图

对于零间隙的情况，单桩 KC 值为 $37/4 = 9.3$。由前述可知，该 KC 值下无量纲化的冲刷深度为 $S/(4D) = 0.1$ 或 $S/D = 0.4$。这与图 $4-18$ 所示的结果没有本质差异。而当 $G/D = 0$ 时，$S/D = 0.6$。存在差异的原因如下：

（1）群桩正方形布置，其棱角为圆角。

（2）当前等效"单桩"的表面不是一个平滑面，而是一个"波浪形"表面。

（3）在此情况下，冲刷可能受到强度较小的恒定流影响，这一问题在第 3 章中描述。

随着 G/D 从零开始增加，冲刷深度也随之增加。冲刷加剧的原因一方面是前述的间隙流效应，另一方面是涡旋脱落程度的增加。当 $G/D \approx 0.4$ 时，冲刷深度达到最大值，即 S/D 约为 2。进而 S/D 随着 G/D 的增加而减小，最终相对冲刷深度值接近相同水动力工况下的单桩基础冲刷值，即 S/D 约为 0.67。

4.2.4 KC 数的影响

图 4-19 表示在给定桩距 G/D 为 0.4 时，KC 数对各桩群冲刷深度的影响。将单桩工况下 S/D 随着 KC 数变化的曲线作为参考线，双桩并列、交错布置以及 4×4 正方形布置时，冲刷深度随 KC 数的变化规律与单桩情况基本相同。在单桩情况下，KC 数较小时桩周冲刷主要由尾涡控制。KC 数较大时桩周冲刷主要由马蹄涡过程控制（详见第 2 章）。由图 4-19 可知，当 KC 数超过一定值，其中单桩 KC 数超过 100，双桩并排式布置时 KC 数超过 50，双桩以 45°交错布置时 KC 数超过 70，4×4 方桩群 KC 数超过 300 时，冲刷程度由马蹄涡强度控制。

群桩冲刷深度相对于单桩冲刷深度有较大变化。在某些条件下，这种变化可以达到一个及以上数量级，尤其是对于 KC 数较小的工况。这与第 3 章所述相同，主要是由于间隙流效应以及尾涡范围的增加。

两桩桩群开始发生冲刷时对应的 KC 数小于单桩工况。单桩冲刷发生在 KC 数约为 6 时，并排布置的双桩冲刷发生在 KC 数约为 2 时，交错布置的双桩冲刷发生在 KC 数约为 3 时。这主要与双桩工况下存在间隙流有关。

对于 4×4 正方形布置的群桩，冲刷发生在 KC 数约为 12 时。此时 KC 数比单桩发生冲刷对应的 KC 数大得多，约达 2 倍。这主要是由于桩间间隙流相对较弱导致的。随着 KC 数的增加，马蹄涡开始起控制作用。在 KC 数达到 300 时，桩周冲刷深度呈现出"爆炸性"的增长。由图 4-19 可知，4×4 正方形布置的群桩基础冲刷深度相对于单桩值增加了 3～4 倍。

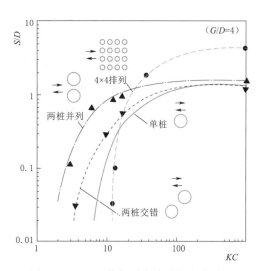

图 4-19 KC 数与平衡冲刷深度关系图

Carreiras 等进行了波浪作用下单排桩基础的冲刷试验。水槽的初始水流条件和桩的位置保持不变，平均水深为 0.15m，波浪周期为 2.17s，桩间距比和 KC 数（根据第 2 章中的桩间近底海床流速进行计算）的变化范围分别为 0.2～2.0 和 7.5～17.4。

一般情况下，水动力环境中的马蹄涡会在桩周形成一个较浅的局部冲刷坑，而射流作用则会导致桩间冲刷加剧。Mory 等认为当 KC 数在 9～25 之间时，可以获得最有效的局部冲刷条件。在此工况下，冲刷首先是由间隙流主导的，间隙流对桩间的床面产生了强烈而快速的侵蚀，并向桩周侧面输送了大量的泥沙。在大多数情况下，桩体区域的海床地形会受到泥沙运动引起的波纹动力影响。并且，在一定水动力条件下桩群基础存在整体冲刷。

Larroudé 和 Mory 在 9m×30m 的波浪水槽中测量了规则波作用下桩群基础的冲刷。该桩群有两排，每排由 10 个桩组成。桩群位于坡度为 1∶40 的沙坡上，以此研究在波浪传播方向上桩周冲刷深度随桩间距和群桩方向的变化情况。试验采取了两种不同的桩径，KC 数分别为 7.9 和 16.5。在测试的 KC 数范围内，观察到整体冲刷比局部冲刷更为显著。

通过 Mory 等人的研究得到以下结论：

（1）在波浪条件一定时，大规模河床形态变化模式和幅度取决于桩群的方向和 KC 数。当桩群方向为 $\varphi=45°$ 且 KC 数为 16.5 时，可观察到整体冲刷现象；而 KC 数为 7.9 时存在沉积现象。当桩群方向为 $\varphi=90°$ 时，两个 KC 数所对应的河床形态差异较大。

（2）所有试验组次都观察到了规则的波纹，群桩内部小规模床层变化幅度明显小于波纹高度，桩群内部的波纹也存在着衰减趋势。

（3）试验所采用的最大 KC 数为 16.5，因此试验中的局部冲刷是有限的。研究发现随着 KC 数的增加，冲刷深度呈现增加的趋势。

Bayram 和 Larson 分析了日本太平洋海岸茨城县 Ajigaura 海滩一个 200m 长码头的河床剖面情况，在定期调查中发现支撑桥梁的桩群（间隔约 30m）基础存在冲刷坑。每组桩群由近乎正方形布置的四个桩组成。桩间距与直径比约为 4～5。Bayram 和 Larson 研究发现冲刷坑以一个整体的形式存在，而不是在各单桩周边形成局部冲刷坑。以桩径 D 为基础对冲刷深度进行无量纲化，研究发现 S/D 随 KC 数的增加而增加。当 KC 数在 7～22 的范围内变化时，S/D 为 1～4。虽然 Bayram 和 Larson 没有给出相关信息，但诸如沿岸流、海浪和由结构本身产生的湍流等影响可能是产生该现象的原因。Posey 和 Sybert 通过物理模型试验研究发现，沿岸流与波浪的组合作用可能致使海上平台下部结构周边形成冲刷，而纯波浪作用则引起每个桩周围形成冲刷。其中波浪和水流结合引发的冲刷机制为：波浪搅动泥沙并使其悬浮，而水流将悬浮的泥沙从结构周边带走。

4.3　群桩整体冲刷和局部冲刷

如第 1 章所述，群桩的冲刷有局部冲刷和整体冲刷两种型式。前几节的内容研究了冲刷过程，而没有考虑局部和整体的冲刷过程。Sumer、Bundgaard 和 Fredsøe 率先研究了这一问题。具体方法为在恒定流作用下采用六种不同型式的桩群进行试验，分别为并排双桩、串联双桩、$2×2$ 方形布置群桩、$3×3$ 方形布置群桩、$5×5$ 方形布置群桩和等效圆形桩组，且以单桩作为参考案例。试验分别研究了整体冲刷与局部冲刷。Sumer 等将结果与流动均值和湍流特征联系分析，总结得出以下结论。

水流作用下的群桩冲刷包含两种模式：①单桩桩周的局部冲刷；②蝶形洼地形式的整体冲刷（在整个桩群区域内，床面水平总体降低）。其中，局部冲刷是由马蹄涡、涡旋脱落和流线收缩引起的（见第 2 章）。需要注意的是，由于整体冲刷的影响，局部冲刷特征与单桩的工况不同。

整体冲刷是由以下两种原因造成的：①桩间间隙流速度的变化；②单桩产生的湍流。如图 4-21 所示，前一种效应可以通过参考 Sumer 等（2002）研究中对并排双桩的流速观测。由图 4-21 可知，相对于单桩工况，双桩桩间流速较大。当 G/D 值变化时也可以观察流速增加这一现象，即使 G/D 增加到 4，也会有 5% 的增幅。间隙流的存在意味着床面

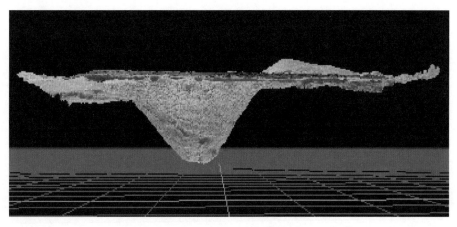

图 4-20 冲刷坑三维侧视图

会被冲刷，且冲刷过程将持续发展到桩间的床面剪应力逐渐降低至未扰动时的床面剪应力值（应考虑局部床面边坡），这种情况是由于桩间流速的增加而产生的整体冲刷。

第二种效应是由单桩产生的湍流作用，通过对 5×5 方形布置且 $G/D=4$ 时群桩周边的水颗粒速度测量而展开研究。图 4-22 为 A、B、C、D 四个断面的平均速度剖面图，图 4-23 为同一断面的实测湍流剖面图。其中，u 是速度的流向分量，u' 是 u 的波动分量，参数上面的横线表示平均值。

由图 4-22 可以看出，相对于

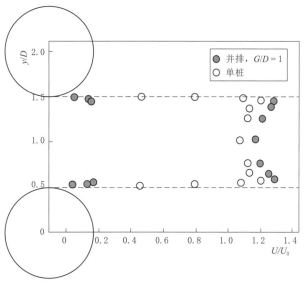

图 4-21 刚性床试验中距床面 14.5cm 处平均流速

单桩周边的水流速度，5×5 方形布置的群桩周边平均速度没有明显增加（图 4-21）。由于"遮挡"效应，结构内部某些区域的水流速度降低。图 4-23 表明结构内部的湍流强度发生了大幅度增加。将 B、C、D 段的湍流剖面图与 A 段的湍流剖面图进行比较，发现结构内部的湍流强度增加了 3 倍。测量的湍流主要是由上游桩尾产生的。需要注意的是本试验湍流是在距床面 14.5cm 处测量的，可以联想到上游桩产生的湍流也是由床面附近的马蹄涡所引起的。

结构内部存在的高强度湍流会引起结构下部或周围的泥沙输运量大幅增加，从而导致水平床面整体降低，这就是由湍流引起的整体冲刷。

图 4-24 表示在 $G/D=4$ 时，以 5×5 方形布置的群桩工况下的冲刷剖面。从图中可以看出，整体冲刷与局部冲刷的区别是非常明显的。当 $G/D=4$ 时，$N×N$ 方形布局的

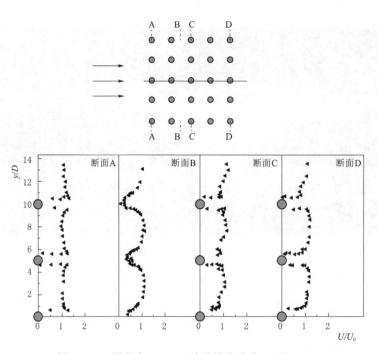

图 4 - 22　距底床 14.5cm 处的平均流速（$G/D=4$）

群桩最大平衡整体冲刷深度 S_G 如图 4 - 25 所示。以桩径 D 为基础对冲刷深度进行无量纲化，考虑了结构内部流动均值和湍流特性变化在整体冲刷过程中的作用。由图 4 - 25 可知，当 $N \leqslant 4$ 时，整体冲刷深度随 N 的增加而增加。但当桩数进一步增加时，由于湍流的影响，冲刷深度将不再随着 N 的增加而发生改变。由图 4 - 23 可以看出，从 C 截面（第三排桩）到 D 截面（第五排桩）湍流没有明显变化，这两段的湍流最大值也大致相同。这说明当 N 趋向于 3～5 时，上游桩群产生的湍流达到最大值；当 $N > 5$ 时，湍流基本保持不变，这与图 4 - 25 所示的结果相一致。

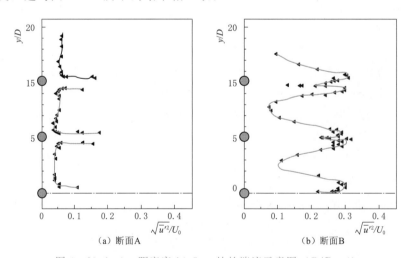

（a）断面A　　　　　　　　　（b）断面B

图 4 - 23（一）　距底床 14.5cm 处的湍流示意图（$G/D=4$）

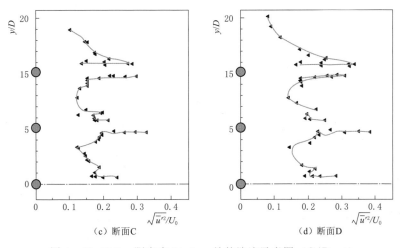

图 4-23（二） 距底床 14.5cm 处的湍流示意图（$G/D=4$）

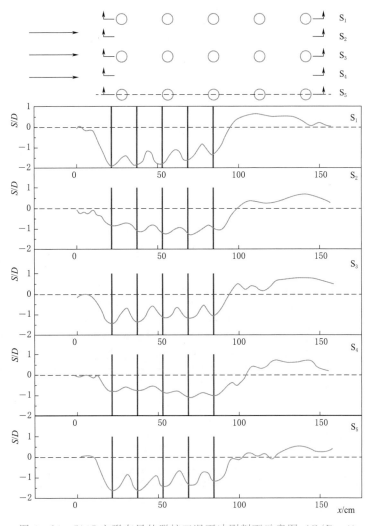

图 4-24 5×5 方形布局的群桩工况下冲刷剖面示意图（$G/D=4$）

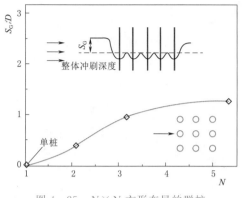

图 4 - 25　$N \times N$ 方形布局的群桩
最大平衡整体冲刷深度（$G/D=4$）

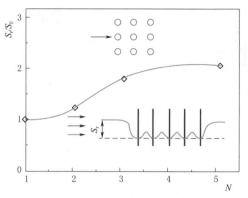

图 4 - 26　$N \times N$ 方形布置群桩的
最大总平衡冲刷深度（$G/D=4$）

图 4 - 26 绘制了当 $G/D=4$ 时，最大总平衡冲刷深度 S_T（即最大平衡整体冲刷深度加上最大平衡局部冲刷深度）与 S_0（在相同水动力条件下，单桩基础的最大平衡冲刷深度）的比值与 $N \times N$ 方形布置中行列数 N 的关系。可见冲刷深度随着 N 的增加而增加。如图 4 - 26 所示，对于 4×4 和 5×5 方形布置的桩群，其最大总平衡冲刷深度增幅可达 2 倍。

Sumer 等研究发现最大局部冲刷深度往往出现在桩群上游第一排（图 4 - 24）。在其他阵型布置的试验中也观察到了此现象。由图 4 - 24 第 1 断面和第 5 断面进一步可知，上游第一排角桩冲刷深度最大，这是由于在桩群的最前排和角桩处最易受到水流作用。对于圆形桩组（图 4 - 19），Sumer 等通过试验表明上游的第一个桩受水流的影响最大，其局部冲刷也达到最大值。

图 4 - 25 和图 4 - 26 表示的是方形布置的群桩中 N 与 S_T/S_0 的关系。其他布置方式，如并排和圆形布局的桩群下的冲刷深度研究如下：双桩并排布置时整体冲刷深度略大于 2×2 方形布置时桩群的整体冲刷深度，双桩并排桩组的 $S/D=0.78$，2×2 方形布置的 $S/D=0.37$，这是由于并排布置时桩间的流速显著增加。以上结论与 Hannah 的结果一致。

对于圆形布局的桩群，其整体冲刷深度略大于 5×5 方形布置时桩群的整体冲刷深度。在试验布置中，圆形布局的桩群与 5×5 方形布置的桩群有相同的布局密度。圆形布局时 $S/D=1.5$，5×5 方形布置的 $S/D=1.2$。这一增长主要是交错的圆形布局导致湍流的增加而造成的。

4.4　三脚架基础冲刷

国际上三脚架基础应用较为成熟，如德国的 Alpha Ventus（Alpha Ventus 海上风电场），瑞典的 Nogersund，英国也于 2020 年在东安格利亚地区安装 102 台 7MW 的三脚架式的海上风机。我国三脚架基础的风机设计起步较晚，目前在江苏沿海地区有一定数量的三脚架基础海上风机，如金风科技在如东潮间带风电场的 2.5MW 的试验机组等。Alpha Ventus 风电场三脚架基础如图 4-27 所示。

图 4-27　Alpha Ventus 风电场三脚架基础

　　Alpha Ventus 作为德国第一个海上风电场，德国联邦海事水文局在试验场进行了一系列的实地试验与观测研究。现场配备了 19 个回声探测器，用以测量主桩和导管桩的冲刷深度。其中 M7 号三脚架风机平均水位约为 30m，观测到的导管桩最大冲刷深度为 2.5～3.3m，主桩下最大冲刷深度 5.5～5.8m。Lambers - Huesmann 认为冲刷基本达到了平衡状态，即观测到最大冲刷深度。其值在导管桩处为 1.1～1.4 倍桩径，主桩下部最大冲刷深度达到了 2.5 倍桩径。

　　与传统大直径圆桩基础冲刷深度研究不同，影响群桩基础冲刷深度的因素还包含水流夹角这一变量，从而导致三脚架冲刷模型试验难度增加，较少的试验组次也很难揭示这类基础的冲刷规律。目前袁春光、Stahlmann、Ni 等对三脚架进行了冲刷研究。Yuan 等研究了恒定流清水冲刷条件下水深、流速、水流夹角对三脚架基础冲刷的影响。Stahlmann 等通过比尺试验研究了三脚架在规则波和不规则波作用下基础周边的冲刷特征，并采用数值模拟方法验证了水槽试验结果。Ni 和 Xue 研究了恒定流清水冲刷条件下三脚和六脚架基础的冲刷情况，重点研究了群桩等效桩径的应用以及与传统预测公式的对比。

　　下面结合前人的研究介绍了恒定流作用以及波浪作用下三脚架基础的冲刷情况。

4.4.1　恒定流作用下三脚桩基础冲刷

　　首先研究的是较为简化的三桩桩群基础的冲刷。这类研究一般以桩径 D、桩间距 G 为变量，研究以等边三角形方式排列的圆桩桩群冲刷。这种形式类似于梅花桩型的一个子单元，仅仅由圆桩构成，并没有实际工程中的斜桩、桩帽、桩套等结构。冲刷深度预测有两种方法：一是用等效桩径的概念，将传统单桩冲刷预测公式中的桩径进行修正；二是在传统公式前加入桩群效应的修正系数。Gormsen 和 Larsen 系统地研究了三桩桩群在恒定流作用下的冲刷结果，即三脚架研究所用的 0°和 60°水流夹角，试验中最大冲刷都出现在桩数较多的一侧，如图 4-28 所示。

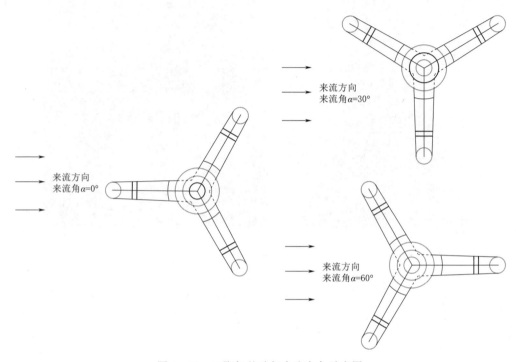

图 4-28　三脚架基础与水流夹角示意图

　　桩基础发生局部冲刷的一个重要因素是桩前下降流引起的马蹄涡。虽然主桩桩径往往大于导管架桩径，但由于三脚架主桩底部并未插入底床。一旦基础周边海床发生冲刷，主桩下部会存在一个通过下降流的缺口，导致主桩迎水面涡系能量受到限制。在只有恒定流作用时，无论水流夹角的大小，主桩下部形成的冲刷坑规模均会小于其他导管桩。在袁春光进行的恒定流试验中，三脚桩基础的海床冲刷结果也证明了这点。主桩下部的冲刷并不会直接影响结构稳定性，而导管桩处的海床冲刷会减小桩基础埋深，降低基础结构的承载力，从而降低三脚架上部结构的稳定性。因此，导管桩处的最大冲刷深度是三脚架基础结构周边海床冲刷的研究重点。导管桩周边最大冲刷深度的具体位置受水流夹角、水流强度、水深等因素的影响。受桩群效应的影响，三脚架基础的局部最大冲刷深度往往大于与导管架相同桩径的单桩基础的冲刷深度。

　　来流角为 0°时：袁春光的试验结果显示，三脚架基础最大冲刷深度通常出现在下游导管桩处。数值模拟分析显示，由于上游结构物引起的横流与此处产生的绕流叠加，下游桩迎水面 45°处近底流速最大，对海床冲刷能力最强。这一最大冲刷深度出现的规律与 Gormsen 的研究结论一致，但和简化三桩桩群基础的冲刷结论是矛盾的；Sumer 在以等边三角形布置的三桩桩群冲刷试验中，发现无论是在水流作用还是波浪作用为主的水动力条件下，下游桩的冲刷深度总要小于上游桩。通过将三脚架基础模型与三桩桩群冲刷的结论进行对比，可知主桩的加入以及复杂的上部横桩、斜桩结构都会导致最终冲刷结果发生改变。

来流角为 30°时：袁春光认为此时主桩与图 4－28 上部两个平行于来流方向的导管桩侧距离较近，串联双桩的阻挡作用产生的下降水流容易导向主桩，从下部冲刷坑流走，削弱了串联双桩涡系的能量，而对下游单桩侧的影响较小。

来流角为 60°时：此时情况相对复杂，针对串联布置的双桩以及等间距布置的三桩桩群进行冲刷研究，上游桩的冲刷深度应当始终大于下游桩。试验中，最大冲刷深度依然在导管桩附近。但是随着时间的推移，最大冲刷深度从上游导管桩逐渐转移到下游导管桩。袁春光猜测有两个原因：一是当初始水流流量较小时，上游桩受冲刷作用带出的泥沙常常沉积到下游桩处，水流能量还不足以将这部分泥沙搬运到更远的地方；二是起初主桩冲刷坑较浅时，主桩对下游导管桩的掩护非常明显。因此在冲刷发展初期，最大冲刷深度出现在上游导管桩周边。随着流速以及水深的增加，主桩冲刷坑深度增加，大致上游桩提供的掩护作用减小，沉积在下游导管桩周边的泥沙被带入至下游。此时悬空的主桩造成下游导管桩更强的阻水作用，导致下游桩产生了更大的冲刷深度。

根据袁春光和 Stahlmann 针对不同来流夹角引起的最大冲刷结果进行对比发现，水流夹角为 60°时冲刷深度达到最大值。在实际工程中要特别注意这一角度可能带来的不良后果。同时根据袁春光试验的冲刷数据可知，在各水深工况条件下，无论何种角度，三脚架的最大冲刷深度都大于单独导管桩的最大冲刷深度。由此可知，桩群效应是重要的影响因素之一，因此需要专门对群桩基础的局部冲刷进行研究。

袁春光的数值模拟结果显示当来流角度为 0°时，由于横桩与上游导管桩的掩护，主桩迎水面没有形成清晰的马蹄涡，这验证了恒定流作用下主桩下部冲刷坑不显著的现象。近底最大流速出现在下游两侧导管桩迎水面侧向 45°位置左右，这与上游横流与下游桩绕流叠加有关。

4.4.2 波浪作用下三脚桩基础冲刷

Sumer 和 Fredsøe 研究了波浪作用下三桩桩群基础的冲刷，其中三桩并排布置时的冲刷规律与双桩并排布置的冲刷结果类似，冲刷深度最小值基本持平，但最大值偏大 20%～30%。当三桩呈等边三角形布置时，整体冲刷程度是小于并排布置的。Sumer 认为在波浪作用下，当桩间距大于 3 倍桩径时，桩间相互作用很弱，桩群冲刷更多表现出单桩冲刷的性质，并强调了 KC 数仍是影响群桩波浪冲刷的重要参数。Tong 等和 Zhang 等研究了三脚桩对波浪作用的响应，证明了三脚桩对波浪扰动的效应远大于大直径单桩工况。

和恒定流冲刷规律类似，袁春光和 Stahlmann 的试验也说明了三脚架冲刷特征很大程度上取决于入射波浪的方向。然而无论波浪与结构物的夹角如何，均观测到主桩或导管桩周围都有可能出现最大冲刷。并且随着冲刷的发展，主桩下部以及其周围出现最大冲刷的可能性更高。相较于恒定流作用下只在导管架处出现最大冲刷这一试验结果，波浪作用下的冲刷结果与 Alpha Ventus 海上风电场实地观测结果接近。这说明波浪作用是影响最大冲刷深度出现位置的重要因素。在水流作用叠加波浪作用下，悬空主桩下部与床面间的空间垂向收束了波流，压缩了波浪能量，增大了床面剪应力，导致下部冲刷加剧。

Stahlmann 基于 RAVE 协议，开展了在波浪作用下，常规水槽（1∶40）和大尺度（1∶12）的三脚架冲刷试验，并且用 OpenFOAM 数值模拟结果与实地观测数据进行了定性讨论。基于具体研究协议，Stahlmann 根据真实海况选取波浪参数，得出以下主要结论：

（1）试验中后桩冲刷总是略大于前桩，最大冲刷可能出现在后桩，也有可能出现在主桩下部附近。

（2）不规则波（试验中为 Johnswap 谱）比规则波搬运能力更强，整体冲刷更大。

（3）大尺度试验产生的冲刷（比尺为 1∶12 时，试验最大冲刷深度约为 1.1 倍桩径）比小尺度（比尺为 1∶40 时，试验最大冲刷深度约为 0.9 倍桩径）产生的冲刷深，然而试验测得的冲刷结果还是远低于现场实测的冲刷数据。产生差异的原因如下：①水槽边界的限制与海洋动力的简化；②实际海况中，潮流主导的水流作用叠加波浪作用，水槽试验中并没有考虑组合作用。

Stahlmnn 基于试验布置进行了数值模拟研究，模拟结果显示在主桩和装套之间、下部斜向支架与桩之间有明显的局部水流加速现象。这说明三脚架上部复杂的结构阻力会大大提高结构周围局部水流流速，这是与三桩桩群研究不同的地方。同时所观测到另外一个流速增强的近底区域为主桩正下方区域。数值模拟得出主桩下方的最大冲刷深度要比物理模型试验数据高出了 30%，这在一定程度上验证了上述主桩阻力压缩下部空间波流从而增大冲刷程度的猜想。此后，随着冲刷进程发展，冲刷坑最深位置往前桩下方转移，后桩的冲刷深度要比试验数据低 20%。

与 Stahlmann 的试验不同，袁春光的试验突出了波向与桩基础夹角这一试验变量，并且增加了波流共同作用的试验组次。发现在三脚架与波浪传播方向夹角为 60°时，海床最大冲刷深度值为所有组次中最大的，且冲刷深度差距在叠加水流后变得更加显著。纯波浪作用时，波高极大影响着冲刷深度，但一旦叠加上水流作用，冲刷深度将大幅增加。无论是波浪单独作用还是波流共同作用下，主桩下方都出现了最大冲刷深度，这与恒定流研究中导管桩周边出现最大冲刷的结论不一样。最大冲刷深度随波高和水深增加而增大，这点与垂直圆桩冲刷规律类似，但试验中波向夹角对冲刷的影响并不显著。

以上观点主要由比尺试验和数值模拟得出。这些研究均简化了实际海况，水槽的边壁作用也较为明显，以上因素均会造成试验结果与实际海况下的观测值存在差异。实际海况中存在海流、波浪等作用相互叠加，且水动力条件与基础夹角不固定等问题。除了空间上的不确定性，时间尺度上也存在着风暴潮等短期高强海况的影响，因此在设计时需要因地制宜。

4.5　导管架基础冲刷

除了三脚架基础，导管架基础是另一常见的多桩式海上风机基础。根据预制桩数量，导管架基础可分为三桩式导管架［图 4-29（a）］、四桩式导管架基础［图 4-29（b）］，如果不特别标注一般指最为常见的四桩式导管架基础。相较于大直径单桩基础，导管架采用大量预制钢构件，钢材用量少，且能适应 5～50m 范围的水深。但此类基础构件单元较多，存在存储、组装、物流成本高的问题。

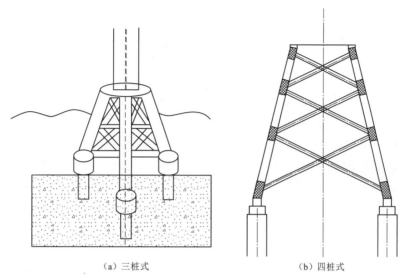

(a) 三桩式　　　　　　　　　　　　(b) 四桩式

图 4-29　导管架基础结构示意图

在国际上，德国在大力发展导管桩形式
的海上风电机组。此外英国、德国都有一定
数量的导管架风电机组。我国第一座海上风
电机组就是 2007 年中海油公司利用废弃的
渤海湾绥中海上油田导管架基础改建而成
的。中国渤海海上风电机组示范项目也有采
用导管桩基础形式的机组。按规划，未来几
年我国广东、福建 30～50m 水深海上风电场
将大量采用导管架基础。

图 4-30　阳江南鹏岛海上风电场导管架基础图

有部分学者观测了以导管架为基础形式
的海上风机基础的冲刷情况。Bolle 等分析了
北海 Thornton 区域 C-Power 风电场导管架基础的冲刷深度，观测了打桩前、打桩后以及
全部结构安装完毕后的冲刷深度。打入预制桩 2.5 个月后（此时未安装上部导管架结构），
基础附近平均冲刷深度为 $0.65D$，最大为 $1.2D$。导管架结构安装就位 6 个月后出现的平
均冲刷深度增加到 $(0.85～1.35)D$。Rudolph 等分析了荷兰北海海域南部 L9 号区域导管
桩基础平台的冲刷情况，此区域水深约 25m，桩直径为 1.1m，观测发现全局冲刷范围达
到 50m(40D)，局部冲刷深度可达到 5m(>3D)。

除了实地观测，通过物理模型试验也取得了一定的成果。由于基础形式类似，四桩导
管架的冲刷研究较接近桥梁冲刷领域 2×2 布置的群桩理论研究。但是海上风电机组四桩
导管架在向土层打入四根预制桩后，还有桩套、上部桁架的安装。根据 C-Power 风电场
的观测就可以看出，安装上部结构后，对水流的扰动能力以及最终冲刷效果与 2×2 正方

形排列的圆桩有很大的不同。

4.5.1　恒定流作用下导管架基础冲刷

理论研究大多服务于工程实际。为模拟真实海况，试验中水动力条件的设置基本为波浪、水流共同作用。不少学者进行了恒定流作用下导管架冲刷特征的研究。

Chen 等研究了不同水流速度下大直径单桩和导管架模型的冲刷特征，试验比尺为 1∶36，模型桩直径为 0.058m。试验测量了三种水流速度下（0.083m/s、0.167m/s、0.250m/s）导管架周边海床的最大冲刷深度。在恒定流作用下，导管架基础的上游桩冲刷深度明显大于下游桩冲刷深度。可见四桩导管架基础与三脚架基础类似，在纯水流作用下群桩基础的冲刷掩护效果较为明显。测量所得最大冲刷深度为 $0.73D$（0.083m/s）、$1.12D$（0.167m/s）和 $1.37D$（0.250m/s）。Chen 还研究了无量纲化后相对最大冲刷深度与弗劳德数、雷诺数之间的关系，发现雷诺数对冲刷深度的影响更为显著。

根据海上风机基础的特点，在实际应用中导管架基础常常被应用在水深较大的海域（往往超过 15m）。季风引起的波浪产生的近底流速较小，对基础附近海床的冲刷效果很可能低于海流的作用。因此，海流作用以及波流共同作用下的导管架冲刷试验更具参考价值。

4.5.2　波、流作用下导管架基础冲刷

关于波、流共同作用下的试验相较于单独海流作用的导管架冲刷试验要丰富许多，但试验采用的导管架模型形态、水动力以及泥沙条件都有所差异，有限的试验组次难以总结出波流共同作用下导管架基础冲刷的一般规律。下面将简述目前为止波流共同作用下导管架基础的冲刷试验。

Chen、Yang 和 Hwung 以台湾沿海海况为动力特征进行了物理模型试验，模拟如下：水深为 12m 和 16m，波高 2.5~6.8m，波周期 11.7s，比尺为 1∶36。可能是相较于 14m 的桩间距，模型设置的桩径 2.08m 相对过大，导致水流收束以及近底涡流的影响不如 Rudolph 观测得那样显著。Chen 在波流共同作用下测得的最大冲刷也不超过 $1.3D$。

Welzel 等同样地进行了波流夹角为 90°的水槽试验，试验中主桩直径为 4cm，桩间距为 55cm。本次试验设置的桩间距与桩直径比值 G/D 明显大于 Chen 的研究。Welzel 研究了不同波流组合下结构基础的冲刷情况，试验采集了最后 1/4 冲刷时间内的冲刷深度数据，对冲刷深度平均值进行数据分析。Welzel 认为这比 Chen 和 Bolle 在较短时间内测得的冲刷数据更加可靠，该操作也能有效减少沙纹、沙垄带来的影响。试验中观测到：①上游桩冲刷明显比下游大，尤其在上游桩差异更加显著；②最大冲刷深度值有时会大于 $2D$。这个数值比 Chen 的研究结论更大，但没有 Rodolph 实地观测发现的冲刷严重；③在冲刷发展方面，无量纲化的导管架冲刷要比单独圆桩冲刷发展得慢。

姜绍云等针对江苏沿海工程进行了波流同向作用下的 JZ20 - 2MUQ 模型冲刷试验。由于江苏沿海广泛分布的淤泥质海岸，试验中海床布置选用了黏性土。试验中可以观测到并排相邻桩之间的水流基本没有互相影响，并且各桩周围产生的冲刷坑较为独立，姜绍云认为试验模型的桩之间不存在桩群效应。这与 Sumer 认为的在相对桩间距较大（$G/D >$ 3）时，桩基之间几乎没有群桩效应的观念一致。最后根据试验数据，通过回归分析方法

将最大冲刷深度拟合为相对流速、波陡、雷诺数、弗劳德数的函数，有

$$\frac{d_{se}}{D}=0.015\left[\left(2\frac{U}{0.372\left(\frac{\rho_s-\rho}{\rho}\right)^{2/3}g^{2/3}d_{50}^{1/3}T^{1/3}}-1\right)\times\frac{L}{h}\frac{U}{\sqrt{gH}}\frac{UD}{\gamma}\right]^{0.3} \tag{4-3}$$

式中　d_{se}——最大冲刷深度；

U——波浪速度；

H——水深；

D——桩径；

L——波长；

h——波高；

T——波周期；

d_{50}——黏性土的中值粒径；

ρ_s——土密度；

ρ——水密度；

g——重力加速度；

γ——水运动黏度。

需要注意的是姜绍云的试验组次较少，并且也并未有试验以外的冲刷数据进行验证，不一定具有较好的泛用性。

李亚军和毕明君也进行了在波流共同作用下相类似的缩尺模型试验。针对砂质海岸的风电场工程，以极端高水位以及 50 年一遇的波流作用为海况条件，进行了 1:40、1:60 和 1:80 三种比尺的模型试验，同时安排了沙袋、块石防护的对照试验组次。结果表明：①迎浪侧产生的冲刷深度约为 1.5 倍桩径，背浪侧略小；②块石防护效果好于沙袋防护，但需注意块石防护时泥沙淘刷会导致回填高程降低。

4.6　高桩承台基础冲刷

高桩承台基础借鉴了港口工程中靠船墩和跨海大桥桥墩的桩基础形式。桩基可以倾斜或者竖直施工，施工可靠度高，且风电机组塔筒和基础的连接形式与陆上风电机组结构相似。高桩承台基础可有效地抵抗波浪、水流力场，国内关于高桩承台的施工经验丰富。高桩承台基础作为一种新型的群桩基础，由多根环形排列的倾斜或直立桩柱和平台组成，有着稳定性强、沉降小以及适用于各种地质条件、方便建造施工等优点。海上风电高桩承台基础如图 4-31 所示。

国内已建和在建的海上风电项目，大多采用高桩（八桩）承台基础方案。高桩

图 4-31　海上风电高桩承台基础

承台基础受力比较清晰，通过刚性承台传递风电机组荷载，承台下桩基以拉压和土体提供侧向水平力的形式承担承台传递的荷载。桩基呈轴对称布置以保证受力均匀。在我国东山大桥等海上风电场已经开始采用高桩承台基础（图 4-31）。高桩承台基础的桩柱布置形式导致桩基础周围流场相对于单桩基础更加复杂，冲刷过程也更为复杂。系统地研究高桩承台周围的冲刷过程及流场变化特征，不仅对充实群桩冲刷理论有着重要的研究意义，也对制定高桩承台的冲刷防护对策、提升其稳定性有着重要的指导作用。对高桩承台周围的全局地形演变、局部冲深发展规律以及流场变化特征进行研究，可得床面形态与水流之间的对应关系。

4.6.1　恒定流作用下高桩承台基础冲刷

张磊等研究了以潮流作用为主的海域中高桩承台基础的局部冲刷问题。试验通过系列模型进行研究，将潮流作用下桩体周边的冲刷简化为单向水流作用下的冲刷。在系列模型中，由于泥沙运动和局部冲刷深度不能完全满足相似定律，需通过各模型试验结果延伸到比尺相似模型以消除偏差，试验发现模型试验结果与原型相同。试验水槽长 23m、宽 4m、高 0.8m，流速水位等条件依据场区水文资料进行换算，且对结构基础附近的底质条件进行综合考虑，最终采用经防腐处理的混合木屑作为模型沙。试验发现在水位低于基础墩台时，水流一部分绕过桩群两侧形成主流带，另一部分在基础结构背水面形成了狭长的流速带。当水位高于结构墩台时，在墩台处出现了向下的水流；同时在结构下游存在较长的尾涡迹线。试验采取了三种比尺，分别为 1:80、1:120、1:160。将不同比尺条件下的冲刷深度进行换算，发现试验结论与原型冲刷深度基本一致。基于物理模型试验发现结构两侧和背水面为主要冲深区，与引起基础结构冲刷的主要动力为基础结构两侧的绕流和尾流旋涡这一结论是一致的。通过不同潮位条件下的冲刷试验，也可发现冲刷深度随水位降低而减小。

为了研究高桩承台基础周围的地形冲刷特性，Xiao 等在长 24m、宽 1.2m、高 0.7m 的玻璃水槽中进行了系列物理模型试验。试验段长度为 6m，在水槽凹槽内均匀铺设厚度为 0.15m 的砂层，模型砂采用的是中值粒径为 0.75mm 的石英砂。在水槽试验段中心布置了八脚桩和十脚桩的高桩承台基础模型。试验选用的原型为上海东海风电场，模型的缩放比尺为 1:50，利用 ADV 探头测量高桩承台基础周围冲刷的地形演变过程。结果表明，高桩承台基础后方第一个沙丘下游的沉积物不位于尾流中心线上，沉积模式说明了在可渗透地基后方存在一个较长的稳定尾迹区。由于所选用高桩承台结构的渗透性，基础周围的冲刷深度远小于单桩桩周的冲刷深度。此外，高桩承台基础的不对称性影响了冲刷速率和平衡冲刷深度，引起沿水流方向的平均冲刷坡度减小，而冲刷径向长度沿水流方向增加。随后，Xiao 等还研究了八桩和十桩为基础的两个典型高桩承台在清水冲刷下的变化。试验水槽等条件与上述一致，试验分析了高桩承台基础的迎流角、安装水深和相对泥沙粒径等参数对平衡冲刷深度的影响。结果表明，最大冲刷深度总是出现在高桩承台中间桩周围，基础的迎流角变化对最终平衡冲刷深度的影响不大。而对于透水桩群基础，当水深增加时，冲刷深度随之增加。这表明多桩和单桩基础在冲刷与水深的关系方面是相似的。利用单桩周围平衡冲刷深度的经验公式计算多桩基础周边冲刷深度时，发现经验公式所得预

测深度偏高，因此还进一步提出了估算平衡冲刷深度的经验公式。通过量纲分析，可以将冲刷深度与相关参数的关系表示为

$$\frac{d_{se}}{D_e} = f\left(\frac{u_0}{u_c}, \frac{h}{D_e}, \frac{D_e}{d_{50}}, \varphi\right) \qquad (4-4)$$

式中　$\dfrac{d_{se}}{D_e}$——冲刷深度；

　　　$\dfrac{u_0}{u_c}$——流速；

　　　$\dfrac{h}{D_e}$——水深与基础直径的比值；

　　　$\dfrac{D_e}{d_{50}}$——泥沙粗糙度；

　　　φ——固体体积分数。

结合试验所得的局部冲刷试验数据，提出了预测最终平衡冲刷深度的经验公式，利用非线性回归将 $\dfrac{d_{se}}{D_e}$ 与其他四个参数的关系总结为

$$\frac{d_{se}}{D_e} = 2.25\left(\frac{u_0}{u_c}\right)^{2.75}\left(\frac{h}{D_e}\right)^{0.25}\left(\frac{D_e}{d_{50}}\right)^{-0.11}\varphi^{0.07} \qquad (4-5)$$

采用公式预测得到的数据与实测数据的相关系数 R^2 高达 0.8971，说明了经验公式具有良好的可靠性。

室内水槽试验以及现场试验往往受比尺效应以及仪器测量精度的影响，研究存在一定的局限性。因此研究者们也通过数值模拟方法对高桩承台基础周边的冲刷问题进行了深入讨论。在桥梁结构中，高桩承台基础应用较为广泛。董海婷采用 FLUENT 软件进行桥基局部冲刷的数值模拟计算，对比了高桩承台与低桩承台最大局部冲刷发生的位置，研究发现低桩承台基础的最大局部冲深出现在桥墩肩部两侧。而高桩承台基础的最大局部冲刷位置发生在前两排桩基中间处，且在流速大的一侧局部冲刷最强烈。卢中一等则对不同入水深度群桩承台基础的局部冲刷进行试验研究，分析桩承台的冲刷特征，定位出床面发生最大、最小冲深时水中的承台位置。对于海上风电机组高桩承台基础，张博杰应用 Open-FOAM 模拟了东海大桥海上风电机组高桩承台基础的局部冲刷问题。结果表明，由于桩与桩之间的互扰效应，多桩基础周围的水流条件变得复杂，各桩两侧床面切应力分布呈现出显著的不一致性，且随着时间推移而发生改变。

杨娟等对海上风机不同基础形式（单桩基础、三桩导管架基础及高桩承台基础）周围的流场与冲刷发展进行研究。结果表明水流流经单桩会分成向下流动的水流和沿着基础表面往上运动的上爬水流。三桩导管架基础因其结构的复杂性，基础周边水流紊乱，底部桩体的流场分布与单桩基础周边较为一致。而高桩承台基础各桩相对独立，且承台位于水面之上，对流场的扰动作用较小。高桩承台基础单根桩水流影响的形态与单桩基础相似。几种基础的冲刷坑有着不同的形态。其中，高桩承台基础冲刷不仅出现在单桩基础周围，同时存在整体冲刷。在相同的水文、泥沙动力条件下，单桩基础的冲刷深度最大，其次为三桩导管架基础，高桩承台基础局部冲刷深度最小。

4.6.2　波浪作用下高桩承台基础冲刷

仇正中等同样以物理模型试验为研究手段，对单桩、五桩和九桩三个不同形式的高桩承台基础进行了冲刷前后的波浪力试验。试验模型桩比尺为 1∶30，水槽总长 40m、宽5m，铺砂厚度为 0.6m，桩基础布置在试验段的中央。试验采用了三种桩基础长度，分别为 70cm、55cm、40cm，并选取了 25cm 和 35cm 两种试验水深，将试验结果与未冲刷工况进行对比。主要结论如下：随着冲刷深度增大，桩基础所受波浪荷载呈总体减小趋势。张慈珩等对波浪力作用下高桩承台基础在直桩与斜桩两种不同布桩方式下的差异特性进行了研究。研究结果表明了在斜桩布置工况下，波浪在爬升桩斜面的过程中波能不断损耗，因此可以提供更好的泊稳条件。通过观测直桩试验中的流速可知，桩间缝隙处流速较大，容易造成该处局部冲刷。

周静姝等通过数值模拟方法建立了波浪荷载作用下的海上风机高桩承台模型，分析了局部冲刷对高桩承台动力响应的影响。研究发现风机基础局部冲刷深度的增大将使得高桩承台基础总体位移增大及桩基承载力减弱，并提出在实际工程中，应尽量保证斜桩倾斜方向与常浪入射方向保持一致。

4.6.3　波流作用下高桩承台基础冲刷

方海鹏等针对波流作用下高桩承台基础的局部冲刷问题进行了研究。试验选取八脚桩基础作为研究对象。因考虑水流和波浪的共同作用，模型沙需兼顾两种动力作用，且模型沙容重不能太轻，故试验采用煤粉作模型沙。试验中考虑两种不同水位，分别代表设计高潮位与极端高潮位，并研究波高、波周期等参数因素的影响。结果表明在波流共同作用下，环形桩群结构处将形成漩涡状圆环褶皱。绕过环形桩群后，圆环向两侧发散，这与在单独水流作用下形成的侧向绕流马蹄涡和尾涡形态是有所差别的。这是由于波浪传播时遇到桩群发生绕射效应，从而形成了"漩涡状圆环"褶皱。对不同潮位条件下的冲刷坑形态进行分析，其中两种高潮位条件下的冲刷特征表明了环形桩群冲刷范围内形态不同于以往研究的基桩前部冲刷、两侧冲刷、尾部冲刷这三种形态。此时基桩个体冲刷也很明显，并且与群桩冲刷叠加。

当然，高桩承台本身复杂的几何型式使得无论现场试验或是室内试验，对其周围的冲刷过程及流场的测量都十分困难。同时，由于高桩承台基础是我国自主研发的桩基基础，在国际上尚处于试验阶段，因此现有的文献中还鲜少出现有关高桩承台的研究资料。

<h2 style="text-align:center">参　考　文　献</h2>

［1］　Zdravkovich M M. The effects of interference between circular cylinders in cross flow ［J］. Journal of Fluids and Structures，1987，1：239－261.

［2］　Hannah C R. Scour at pile groups ［J］. University of Canterbury，N. Z.，Civil Engineering，Research Report，1978，78（3）：92.

［3］ Breusers H N C，Raudkivi A J. Scouring ［M］. Netherlands：Balkema A A Publishers，1991.

［4］ Gormsen，C.，Larsen，T. Time development of scour around offshore structures ［M］. Technical University of Denmark，1984.

［5］ Chow W Y，Herbich J B. Scour around a group of piles ［C］//Proc. Offshore technology Conference，1978.

［6］ Herbich J B，Jr R，Dunlap W A，et al. Seafloor scour—Design guidelines for ocean‒founded structures ［J］. IEEE Journal of Oceanic Engineering，1986，11（1）：135.

［7］ Sumer B M，Fredsøe J. Wave scour around group of vertical piles ［J］. Journal of Waterway，Port，Coastal & Ocean Engineering，1998，124（5）：248‒256.

［8］ Sumer B M，Fredsøe J，Christiansen N. Scour around vertical pile in waves ［J］. Journal of Waterway Port Coastal & Ocean Engineering，1992，118（1）：15‒31.

［9］ Sumer B M，Christiansen N，Fredsøe J. Influence of cross section on wave scour around piles ［J］. Journal of Waterway Port Coastal & Ocean Engineering，1993，119（5）：477‒495.

［10］ Williamson C H K. Sinusoidal flow relative to circular cylinders ［J］. Journal of Fluid Mechanics，1985，155（6）：141‒174.

［11］ Carreiras J，Larroudé P，Seabra‒Santos F，et al. Wave scour around piles ［C］// International Conference on Coastal Engineering，2004.

［12］ Mory M，Larroudé P，Carreiras J，et al. Scour around pile groups ［C］//Proc.，Coastal Structures. Rotterdam，Netherlands：Balkema，2000.

［13］ Larroudé P，Mory M. Erosion autour de structures ctières ［C］// Journées Nationales Génie Côtier‒Génie Civil. 2000.

［14］ Bayram A，Larson M. Analysis of scour around a group of vertical piles in the field ［J］. Journal of Waterway Port Coastal & Ocean Engineering，2000，126（4）：215‒220.

［15］ Bayram A，Larson M，Losada I J. Analysis of scour due to breaking and non‒breaking waves around a group of vertical piles in the field ［C］//Proceedings of the International Conference on Coastal Structures' 99. Balkema，Rotterdam，2000.

［16］ Posey C J，Sybert J H. Erosion protection of production structures ［C］//Proceedings of Ninth Convention of International Association for Hydraulic Research，Dubrovnik. 1961.

［17］ Sumer B M，Bundgaard K，Fredsøe J. Global and local scour at pile groups ［J］. International Journal of Offshore & Polar Engineering，2005，15（3）：204‒209.

［18］ Sumer B M，Chua L，Cheng N S，et al. Influence of turbulence on bed load sediment transport ［J］. Journal of Hydraulic Engineering，2003，129（8）：585‒596.

［19］ Stark N，Lambers‒Huesmann M，Zeiler M，et al. Impact of offshore wind energy plants on the soil mechanical behaviour of sandy seafloors ［C］// EGU General Assembly Conference Abstracts. 2010.

［20］ 袁春光. 海上风电基础最大冲刷深度研究 ［M］. 北京：人民交通出版社，2017.

［21］ Stahlmann A. Numerical and experimental modeling of scour at foundation structures for offshore wind turbines ［C］//International conference on scour and erosion，2013.

［22］ Stahlmann A，Schlurmann T. Physical modeling of scour around tripod foundation structures for offshore wind energy converters ［J］. Coastal Engineering Proceedings，2011，1（32）.

［23］ Ni X，Xue L. Experimental investigation of scour prediction methods for offshore tripod and hexapod foundations ［J］. Journal of Marine Science and Engineering，2020，8（11）：856.

［24］ Yuan C，Melville B W，Adams K N. Scour at wind turbine tripod foundation under steady flow ［J］. Ocean Engineering，2017，141：277‒282.

[25] Gormsen C, Larsen T. Time development of scour around offshore structures [M]. Technical University of Denmark, 1984.

[26] Fredsøe J, Sumer B M. Scour at the round head of a rubble - mound breakwater [J]. Coastal Engineering, 1997, 29 (3/4): 231 - 262.

[27] Sumer B M, Fredsøe J, Bundgaard K. Global and local scour at pile groups [C] //The Fifteenth International Offshore and Polar Engineering Conference. OnePetro, 2005.

[28] Tong D, Liao C, Jeng D S, et al. Numerical study of pile group effect on wave - induced seabed response [J]. Applied Ocean Research, 2018, 76: 148 - 158.

[29] Zhang Q, Zhou X L, Wang J H, et al. Wave - induced seabed response around an offshore pile foundation platform [J]. Ocean Engineering, 2017, 130: 567 - 582.

[30] Bolle A, Mercelis P, Goossens W, et al. Scour monitoring and scour protection solution for offshore gravity based foundations [C] // International Conference on Scour & Erosion. 2010.

[31] Rudolph D, Bijlsma A C, Bos K J, et al. Scour around spud cans - aanalysis of field measurements [C] //The Fifteenth International Offshore and Polar Engineering Conference. OnePetro, 2005.

[32] Chen H H, Yang R Y, Hsiao S C, et al. Experimental study of scour around monopile and jacket - type offshore wind turbine foundations [J]. Journal of Marine Science and Technology, 2019, 27 (2): 91 - 100.

[33] Chen H H, Yang R Y, Hwung - Hweng H. Study of hard and soft countermeasures for scour protection of the jacket - type offshore wind turbine foundation [J]. Journal of Marine Science and Engineering, 2014, 2 (3): 551 - 567.

[34] Welzel M, Schendel A, Hildebrandt A, et al. Scour development around a jacket structure in combined waves and current conditions compared to monopile foundations [J]. Coastal engineering, 2019, 152: 103515. 1 - 103515. 15.

[35] Schendel A, Hildebrandt A, Goseberg N, et al. Processes and evolution of scour around a monopile induced by tidal currents [J]. Coastal Engineering, 2018, 139: 65 - 84.

[36] 姜绍云, 李志刚, 段梦兰, 等. 波流作用下导管架平台桩基冲刷试验研究 [J]. 石油机械, 2012, 40 (9): 57 - 61.

[37] 李亚军, 毕明君. 海上升压站导管架基础的冲刷试验研究 [J]. 南方能源建设, 2018, 5 (A01): 6.

[38] 张忠中. 高桩承台在福建海上风机基础的应用 [J]. 水利科技, 2015, 1: 56 - 60.

[39] 孙文, 刘超, 张平, 等. 国内外海上风电机组基础结构设计标准浅析 [J]. 海洋工程, 2014, 32 (6): 9.

[40] Chang K, Jeng D, Zhang J, et al. Soil response around Donghai offshore wind turbine foundation, China [J]. Energy, 2013, 167 (1): 20 - 31.

[41] Xiao Y, Jia H, Guan D, et al. Experimental investigation on scour topography around high - rise structure foundations [J]. International Journal of Sediment Research, 2020, 36 (3): 348 - 361.

[42] Xiao Y, Jia H, Guan D, et al. Modeling clear - water scour around the high - rise structure foundations (HRSF) of offshore wind farms [J]. Journal of Coastal Research, 2021, 37 (4): 749 - 760.

[43] 董海婷. 桥基局部冲刷灾害机理及灾害风险评估方法研究 [D]. 北京: 中国地质大学, 2012.

[44] 卢中一, 高正荣. 桩承台不同入水深度对局部冲刷影响的试验研究 [J]. 中国港湾建设, 2013 (2): 49 - 54.

[45] 张博杰. 水流作用下海上风机桩式基础局部冲刷三维数值模拟研究 [D]. 天津: 天津大学, 2012.

[46] 杨娟, 朱聪, 蔡丽, 等. 海上风电场不同结构形式桩基局部冲刷数值模拟 [J]. 人民长江, 2020, 51 (9): 155 - 161.

[47] 仇正中, 刘建波, 代浩. 高桩承台桩基波浪荷载试验研究 [J]. 中国港湾建设, 2017 (2): 48 - 52.

［48］ 张慈珩，郭泉，杨会利，等. 波浪与高桩承台式结构作用的试验研究［J］. 水运工程，2020（11）：63－70.

［49］ 周静姝，张淑华，陈光明，等. 波浪荷载下近海风电高桩承台基础动力响应分析［J］. 中国港湾建设，2017，37（3）：37－42.

［50］ 方海鹏，吴跃亮，张磊. 波流作用下环行桩群结构局部冲刷试验研究［J］. 人民长江，2017，48（B06）：4.

第 5 章
冲刷防护技术

5.1 概述

冲刷是导致桩基础损毁的重要因素之一，泥沙颗粒在变化复杂的水动力持续作用下具有"易冲易淤"的特点。近年来随着各种桩基础在河流与近海区域的应用，在持续变化的动力因素影响下的冲刷防护问题成为确保工程可持续运作的全新挑战。本节主要介绍冲刷防护的必要性，防护相应的功能要求以及设计原则。

5.1.1 冲刷防护的必要性

在水流环境中，伫立在基础之上的桩柱常受到波浪、水流、潮流等动力因素作用，产生严重的冲刷。冲刷造成的严重影响主要分为两个部分：一是对桩基自身的振动特性影响，桩基侧向支撑情况发生改变，桩基自振频率的变化对其工作特性必然造成影响；二是冲刷造成的基础失稳会进而导致结构整体失稳，大多数桩/墩基础破坏都是冲刷导致的。

桩基础大多应用于近海区域、河口海岸交汇处，建设环境更加复杂，波浪、潮流、径流动力作用叠加。动力情况多变，床面易冲。局部冲刷深度大、范围广且具有不均匀性。有关计算表明，随着冲刷深度增大，单桩承载能力有所减小；冲刷深度越大，水平向作用力造成的桩基应力就越大。

近海工程的结构物破坏大多归因于基础土体的弱化甚至破坏，土体相应的承载力不足或者变形过大导致结构发生倾覆。据相关资料统计，由于海床冲刷导致的结构失稳破坏占工程事故的 24.6%。发生在河流中的桥墩基础冲刷事故也是基于同样的原理。例如，2002 年 6 月 9 日，陕西西安灞河洪水事故导致陇海线灞河桥 1～5 号墩冲垮，第 1～6 号孔梁坠落。导致事故的原因包含两方面：一是因为桥周挖沙较为严重，二是因为在洪峰流量达到 500～600m³/s，导致桥墩周边泥沙侵蚀，桥墩承载力降低。2013 年 7 月 9 日，四川省绵阳市盘江河上游连降暴雨，形成特大洪峰达 7000m³/s 以上。过大的水流使江油盘大桥所受冲击力过强。在洪峰经过时，底床泥沙大量悬浮，水流含沙量过高，桥墩有效埋置深度降低,最终导致大桥在暴雨洪水中垮塌。2018 年 7 月 27 日,四川岷江大桥受洪水影响,基础冲刷严重,导致部分桩基裸露,最终桥梁发生垮塌。易仁彦等收集了我国 2000—2014 年桥梁在运营阶段发生的 106 起坍塌事故,高达 30% 的事故是由冲刷造成的。冲刷防护的保护目标是基础,和常见陆地建筑物的基础加固相同,即进一步保护结构稳定。如何防止桩/墩基础冲刷是当下迫切需要解决的问题。

综上所述,冲刷防护工程将有效减少桩基的局部冲刷,进而对桩/墩基础的整体结构稳定有利。因此,对冲刷防护的研究是非常必要的。

5.1.2 冲刷防护的功能要求

作为防护措施,冲刷防护的功能必然是实现对目标桩/桩群、桥墩的防护。相应的防护功能要求分为设计要求、施工要求和正常使用要求。设计和施工要求是在设计的水动力条件下为桩/墩基础正常施工、施工期基础安全提供指导,正常使用要求是为使用期桩/墩基础与周围土体共同作用提供保障。因此,结合具体的工程项目,冲刷防护设计大多考虑施工期防护和半永久/永久防护相结合。

5.1.3 冲刷防护的设计原则

冲刷防护的设计原则主要从结构的安全性、稳定性和耐久性三方面展开。具体的标准应当结合工程实际施工特点、动力条件和地质条件确定,并在执行过程中及时修订以达到最优防护效果。以苏通大桥设计为例,基于易冲刷底床和群桩基础的特点,制定相应的设计原则如下:

(1)冲刷防护结构安全可靠,具有耐久性。

(2)冲刷防护效果满足使用功能和设计标准。

(3)冲刷防护设计考虑施工期预防和永久防护相结合,设计应考虑施工中不可避免的不均匀性对防护效果的影响。

(4)鉴于目前国内缺乏大型桥梁永久防护工程经验,设计应遵循物理模型试验的有关成果,兼顾施工单位采用的施工工艺和施工力量。

(5)在满足冲刷防护结构可靠和防护效果的前提下,应合理确定防护范围、平面布置和防护结构,尽可能降低工程投资。

(6)鉴于主塔墩处自然条件的复杂性和施工过程的不断变化,根据冲刷防护监测成果,合理地调整设计。

5.2 冲刷监测

5.2.1 冲刷监测目的

冲刷监测的目的在于确保实时的基础冲刷没有对桩基础造成不可逆的破坏性影响,冲刷监测可以分为施工中冲刷监测和正常使用中冲刷监测。如监测沉桩过程中局部冲刷量有没有超过限定值;桩基正常工作过程中的冲刷分布和冲深变化情况。相应的测量要求一般包含精确测量桩基础局部冲刷情况,精确测量桩基础周围的海底地形地貌情况和确定各桩基础附近的海底冲刷边界。

5.2.2 冲刷监测方法

冲刷监测方法有传统的铅锤测探、人工锥探和蛙人下潜等探测技术，以及声呐技术、光纤光栅传感、磁测等新兴技术。本节主要介绍使用较多的利用单/多波束技术进行的冲刷监测。单波束测深仪一般用于深度测量，采用较宽的发射波束。由于是向移动船只的底部垂直发射，因此声传播路径不会发生弯曲，往复距离最短，能量衰减很小，通过回声信号的幅度检测确定信号往返传播的时间，再根据声波在水介质中的平均传播速度计算测量水深。

多波束系统中，换能器配置一个或多个换能器单元的阵列，通过控制不同单元的相位，形成多个具有不同指向角的波束，通常只发射一个波束而在接收时形成多个波束。除换能器水底波束外，外缘波束随着入射角的增加，波束倾斜穿过水层会发生折射，要获得整个区域上精确的水深和位置，必须要精确地了解测量区域水柱的声速剖面和波束在发射与接收时船的姿态和船艏向。因此，多波束系统在测量时比单波束测深仪要复杂得多。多波束系统沿航行轨迹方向，以一定频率发射垂直于航线方向的窄面波束，形成一个扇形声传播区。回声信号包括两种信息：通过声信号传播时间计算的水深和与信号振幅有关的反射率。

多波束测深是目前冲刷监测的常用手段，相较于单波束有如下优点：

（1）测量以带状方式进行，波束连续发射和接收，测量覆盖程度高，对水下地形可以大范围覆盖，与单波束相比，其更窄的波束角可以将细微的地形变化完全反映出来。

（2）由于是全覆盖，其大量的水深点数据使等深线生成真实可靠，而单波束是将断面数据进行摘录成图以插补方式生成等值线，在数据采集不够时，等值线存在一定偏差。

（3）多波束系统同步记录船体的姿态信息，包括起伏、纵摇、横摇、船向等，由后处理软件对测量结果进行校正，使得测量结果受到的外界不利因素影响降到最低限度。

（4）后处理软件功能强大，能对测量资料进行多种成图处理，可生成等值线图、三维立体图、彩色图像、剖面图等，同时还能对不同测区、不同测次进行比较以及土方量计算等。

（5）由于野外测量记录的是未经任何校正的原始数据，测区是全覆盖的，因此在后处理时，软件可对同一测区生成不同比例尺的水下地形图，以满足不同的需要。

5.2.3 多波束系统的组成

多波束系统是由多个子系统组成的复杂系统。不同的多波束系统单元组成不同，大体可以分为多波束声学系统（multibeam echo sounder，MBES）、多波束数据采集系统（MCS）、数据处理系统、外围辅助传感器和成果输出系统。Simrad EM950/1000 多波束系统的单元组成如图 5-1 所示。

换能器为多波束的声学系统，负责波束的发射与接收。常见的换能器有三种，即磁致伸缩换能器、压电单晶型换能器和铁电陶瓷型换能器。换能器基阵由多个换能器基元组成，其目的是产生一定的方向性，多波束测深系统基本采用这种基阵换能器。发射基阵可以使声能集中，而接收基阵可以抑制干扰。为减少水动力湍流附面层噪声，基阵多装在导流罩中。

多波束数据采集系统完成波束的形成和将接收到的声波信号转换为数字信号，并反算其测量距离或记录其往返程时间。通常，多波束数据采集系统包括用于底部波束监测的操作和检测单元、用于实时数据处理的工作站、数据存储器、声呐影响记录单元及导航和显示单元。

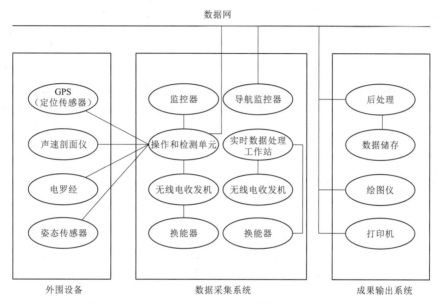

图 5-1 Simrad EM950/1000 多波束系统的单元组成

外围设备主要包括定位传感器、姿态传感器（如姿态仪）、声速断面仪和电罗经。定位传感器多采用GPS，主要用于多波束测量时的实时导航和定位，定位数据将形成单独文件，以及用于后续多波束的数据处理。姿态传感器主要负责纵摇、横摇以及涌浪参数的采集，以反映实时船体姿态，用于后续的波束姿态补偿。电罗经主要提供船体在地理坐标系下的航向，用于后续的波束归位计算。声速剖面仪用于获取测量水域声速的空间变换结构，即声速剖面。声速剖面测量直接影响最终测量成果的精度。

成果输出系统包括数据的后处理以及最终成果的输出。综合各类测量数据，通过专用的数据处理软件对数据进行处理，获得各有效波束海底投射点在地理坐标系和指定垂直基准下的三维坐标以及回波散射强度图像，最终获得描述海底地形地貌的输出成果，并输出相应的图像。

5.3 防冲刷破坏模式

5.3.1 整体冲刷和局部冲刷

对于恒定流作用下桥墩、桩基的冲刷问题，Melville 将桥墩冲刷分为三类：整体冲刷、束水冲刷和局部冲刷。整体冲刷指的是在不考虑桥墩基础的情况下，由于水流作用，自然形成的河床变化。整体冲刷相当于我国《公路工程水文勘测设计规范》(JTG C30—2015) 中的"河床自然演变冲刷"。整体冲刷可以认为与结构物基础无关，而束水冲刷和局部冲刷与桥墩基础直接相关。束水冲刷是由于桥墩基础的存在，河床断面束窄，水流在桥墩两侧束窄导致的冲刷，相当于规范描述的"一般冲刷"。局部冲刷是指由于水流受到桥墩阻挡作用，桥墩周围水流结构发生急剧变化，从而引起的冲刷，相当于规范中的"局部冲刷"。

Sumer 将海洋环境中的结构物和河流中的桥墩引起的冲刷分为整体冲刷和局部冲刷两类。其中局部冲刷和我国规范中一致，整体冲刷是由于结构物的束水作用以及引发的紊动所造成的冲刷现象。因为本书涉及近海工程中的众多结构形式，所以介绍 Sumer 提出的整体冲刷和局部冲刷概念，并对桩墩受单向流冲刷破坏的动力影响因素进行分析。

整体冲刷和局部冲刷的概念可以通过两个例子阐释：导管架平台冲刷和桥墩冲刷。通过第 4 章可知，导管架是由横纵支撑体系搭建而成的，如图 5-2 所示。这种结构放置于流场中，其周围的冲刷可以分为两种：①每一根支撑竖桩周围的局部冲刷；②结构下部和周围形成的碟状冲坑整体冲刷，如图 5-2 中所示。整体冲刷是由于各个结构单元组成的整体受到的流场作用力引起，即整体结构的束水作用以及结构周围的紊流联合作用引起。

同样，桥墩冲刷也可以分为整体冲刷和局部冲刷，即将 Melville 中的束水冲刷也归结于局部冲刷的范畴，如图 5-2 所示。局部冲刷发生在单桩和基础周围，而整体冲刷表现为改变整体的河床表面，如图 5-2 的虚线圈注。整体冲刷可能受到水文条件变化（长时间大流量）、地貌变化（地域地貌大范围调整导致的河床面降低）、人类活动（大坝建设）和河岸变化（航道拓宽，岸线迁移）的影响。

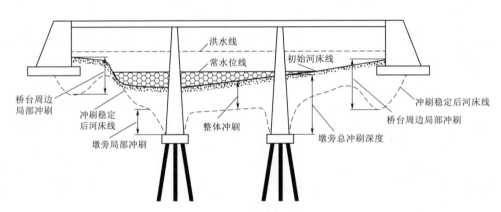

图 5-2　河流桥墩基础的冲刷类型

5.3.2　桥墩冲刷破坏分析

1. 桥墩局部冲刷分类

基于来流的输沙模式，Chabert 和 Engeldinger 将局部冲刷分为"清水冲刷"和"动床冲刷"两大类型。

"清水冲刷"是指进入局部冲刷坑的来流水流不携带泥沙情况下的冲刷，而"动床冲刷"时局部冲刷坑可以持续地获得挟沙水流的泥沙补给。有关研究表明：在水动力环境一定的条件下，"清水冲刷"下的桥墩最大冲深值比"动床冲刷"下的桥墩最大冲深值约大 10%，如图 5-3 所示。

2. 桥墩局部流场

分析桥墩的冲刷破坏首先要对局部流场进行分析。Kwan 和 Melville 等研究认为：桥墩局部存在一个与桥墩"马蹄涡"类似的主漩涡，并认为该漩涡与来流下降流共同构成了桥墩冲刷的主要原因；桥墩迎流面由于来流"停滞"形成垂向压力梯度，驱使来流下降旋转形成主漩涡，随着冲刷坑的发展，主漩涡不断增大。

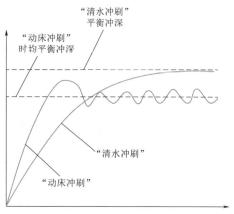

图 5-3 "清水冲刷"和"动床冲刷"的冲刷时程发展

Kwan 和 Melville 研究认为：主漩涡和下降水流主要限制在冲刷坑的原始床面附近，其受来流和水深的影响很小；主漩涡内核占冲刷坑面积的 17%，但其流量可占到桥墩环流总量的 78%；主漩涡呈椭圆形，内核为"强迫漩涡"，外核为"自由漩涡"；桥墩迎流处最大流速与下降流速分别为来流流速的 1.35 倍和 0.75 倍。Kwan 和 Melville 的研究还发现：主漩涡下游存在着一个与主漩涡旋转方向相反的副漩涡，副漩涡可能对主漩涡的冲刷能力有抑制作用；桥墩上下侧分离流产生了桥墩下游的尾流漩涡（尾流漩涡是由分离流滚动造成的不稳定剪切层而形成的漩涡结构），类似一个个"小漩涡"随着时均流动向下游运动，并从下游床面上卷起泥沙颗粒，与主漩涡相比较，尾流漩涡强度较弱。

3. 桥墩局部冲刷破坏机理

由于桥墩结构物的存在，周围流场发生改变。桩前形成马蹄涡、桩两侧形成束窄水流以及桩后形成尾流漩涡。其中，桩前水流受阻形成的下降水流是桩前马蹄涡形成的主要因素。

水流受到底床摩擦阻力的影响，近底层流速较缓而水面处流速较大，自近底层至水面处来流的流速呈逐渐增加的对数分布。理想流体在中立作用下做恒定有旋流动，根据伯努利方程，同一流线上有：

$$z + \frac{p}{\rho g} + \frac{u^2}{2g} = \text{const} \tag{5-1}$$

式中 z——垂向坐标；

p——水流压强；

ρ——流体密度；

u——水流流速。

当水流接近结构物表面时，u 趋近于 0，假设 z 变化不大，则减小的水流动能 $\frac{u^2}{2g}$ 全部转化为压强 $\frac{\rho}{pg}$。对于恒定明渠流动的情况，压强的垂向分布与静水压强相同，因此保持上下水层互不掺混的稳定流动。在水流到达桩基处时，因受阻部分流速 u 将转化为压强 p，由于上层水流流速更大，使得上层增加的压强 Δp 大于下层，形成下降水流，进而形成马蹄涡。同时，下降的水流将能量带向底床，在桩基迎水面造成冲刷。当水流绕流桩基周围时，受到桩基挤压流线压密，结构物周围流速增大，导致水流对底床的拖曳力增大，产生桩基两侧的冲刷。尾流涡旋可以用 $Re = \dfrac{VD}{\nu}$ 衡量，其中 V 为来流流速，D 为结构物等效直径，ν 为运动黏度。恒定流作用下，通常尾涡对撞击冲刷的作用相对于马蹄涡和束水作用而言较弱，桩前马蹄涡和桩侧束水是造成局部冲刷的控制因素。

5.4　冲刷防护方法

5.4.1　冲刷防护处理思路

冲刷防护是实际工程中抵御水毁灾变的有效手段。水流与桩/墩的动力作用可以分为三个部分：

（1）桩前水流漩涡，主要是指上游的水流遇到桥梁基础时会产生漩涡，进而卷动泥沙产生冲刷坑，可以采用减缓水流能量或改变水流-基础作用方式来应对，即改变墩土自身结构。

（2）下降水流淘底，来流面上撞击桥墩的一部分水流主动下降，对墩底部进行淘刷，应对时可以采用阻碍水流下冲的手段，或增加泥沙启动需要的动力，即在床面上放置实体材料。

（3）尾流漩涡冲坑，水流绕过墩体后形成的漩涡，会带走基础后方及基础周围卷扬起的泥沙，应对措施是进行下游护尾，即对下游装置进行收尾处理。

冲刷防护的设计可以从以下两个方面探究：

（1）从泥沙着手，增加桩周围基础部分的防冲能力。例如，在桥墩基础的周围铺设粗颗粒材料防护层或抛石，可以提高桥墩的防冲刷能力。

（2）从水流着手，减小水流的冲刷能量。即相应减弱桩基迎流面的下冲流及马蹄形涡流。例如，在河床高程附近增设底板或护圈，设置墩前牺牲桩，在桩体开槽防护等。

前者称为被动防护模式，通过提升泥沙的抗冲性能实现。后者称为主动防护模式，通过预先减小桩基易冲刷位置的水流动力作用实现。两种防护措施对比见表 5-1。

表 5-1　　　　　　　　　　两种不同原理的防冲刷措施对比

项　目	被　动　防　护	主　动　防　护
原理	铺设保护层，保护下层免受冲刷	改变水流特性、破坏涡流，减少冲刷效应
工程措施	铺设防护层，抛石防护，扩大基础等	护圈、挡板、桥墩开缝和墩前排桩等
优点	使用方便；多数情况下效果好	可以为不同位置条件选择不同的设计以获得满意的结果
缺点	难以保持保护层位置；引起额外的保护层边界冲刷	特定的条件下需要特殊设计；增加成本和建设新结构

5.4.2 被动冲刷防护措施

1. 抛石防护

抛石防护因其低成本和便利性在工程实践中广泛应用。防护措施是通过向河床上抛洒粗颗粒石料或碎石以保护床沙，减小冲刷。一方面，抛石增加了泥沙卷扬起动所需要的水流作用力；另一方面，粗糙的石块在一定程度上减缓了底层水流速度，抛石防护如图5-4（a）所示。针对抛石防护的研究集中在抛石粒径与级配、相应铺填厚度和范围等。

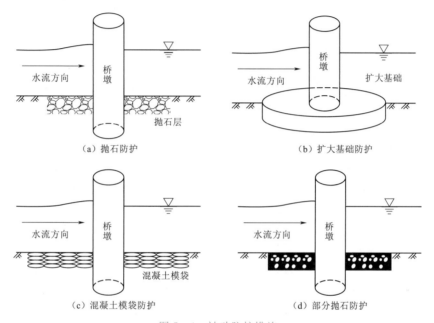

图5-4 被动防护措施

2. 扩大基础防护

桥梁基础部分施工完毕后，常常在河床表面以上预留一定高度进行钢围堰封顶，再在顶面上设置桥梁基础的防护措施，相当于采用了扩大基础，如图5-4（b）所示。该措施可以削弱下降流和马蹄形漩涡的冲刷能力，进而减小冲刷。

3. 其他防护方法

当施工条件不满足抛石防护或者有环保美观要求时，会采取其他方法替代或改进抛石防护。抛石防护虽然优点较多，但是其整体性较差。当流速急剧增大、河床床面出现较大变化时，外围的抛石防护相对位置会发生变化，从而失去防护作用。Chiew认为，抛石防护存在三种不同的破坏模式：①抛石剪切破坏，指抛石本身无法抵抗下降水流和马蹄形漩涡的冲刷；②河床卷扬破坏，指抛石下的河床材料通过抛石的孔隙被冲走，这里抛石级配起重要作用，级配不良的抛石产生的空隙会使得其下泥沙在水流作用下轻易流失，导致抛石层的效果大打折扣；③边缘破坏，指粗糙的抛石层边缘失稳。

作为冲刷防护措施，防护体系应当具有足够的渗透性，避免防护层受到过大的水压作用，并且应当具有足够的弹性，可以与土层的变形相协调。为解决抛石防护的稳定性问题，一些学者提出如混凝土模袋防护、部分抛石灌浆防护等防护措施，如图 5-4（c）和图 5-4（d）所示。部分抛石灌浆防护是将抛石体部分灌浆，提高了整体抵抗水流的作用力，同时防护结构仍然具有相应渗透能力和变形能力，并且该方法较为经济，损坏后易修复。得益于这些特点，部分抛石灌浆在桥梁冲刷防护中得到广泛应用。

5.4.3　主动冲刷防护措施

1．护圈防护

护圈防护通过护圈来转移和阻挡向下的射流以控制桥梁基础周围的冲刷，护圈作为障碍，可以降低和削弱向下射流和马蹄形漩涡的强度，影响护圈冲刷防护的最重要因素是护圈的大小和高度，如图 5-5（a）所示。

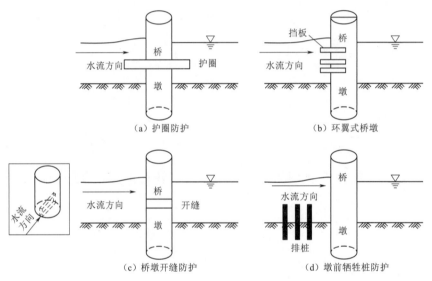

图 5-5　主动防护措施

2．环翼式桥墩

其防护原理与护圈类似，在桥墩迎水面位置安装一定数量的挡板，用以改变墩前水流的方向和大小，削弱漩涡能量从而减弱淘刷和输运泥沙的能力，如图 5-5（b）所示。

3．桥墩开缝防护

桥墩开缝防护可使部分水流从缝中通过，从而产生强度较小的马蹄涡并减弱向下射流强度，该防护措施可以起到较好的防护作用，如图 5-5（c）所示。Kumar 等研究了开缝高度、宽度及开缝位置对冲刷深度的影响。

4．墩前牺牲桩防护

墩前牺牲桩是按一定规则放置在桥梁基础上游的非承载排桩，用以消散和转移上游水流能量，进而有效减小下游桥梁基础周围冲刷作用，如图 5-5（d）所示。已有很多学者对牺牲桩防护进行了试验和现场测试，如 Melville 等，Haque 等，Tafarojnoruz 等，Wang

等。其中，Melville 等认为，影响墩前群桩防护效果的因素包括桩的数目、桩相对于桥墩的大小、桩头露出水面的高度以及群桩的几何排列形式。试验表明，三角形的顶角与来流向相对的排列形式效果较好。综上所述，主动防护措施均是通过改变来流效果，破坏涡流结构实现的。因此，如果水流方向发生变化，就会使得原先设计的防护效果大大减弱。

5.5 工程案例

5.5.1 近海风电场运营期水下冲刷监测

5.5.1.1 风电场概况

江苏某近海风电场项目安装有单机容量为 4MW/3MW 的风电机组，总装机容量 202MW。3MW 机组多采用单桩基础，4MW 机组采用高桩承台基础，少数采用复合桶型基础。基础型式如图 5-6 所示。

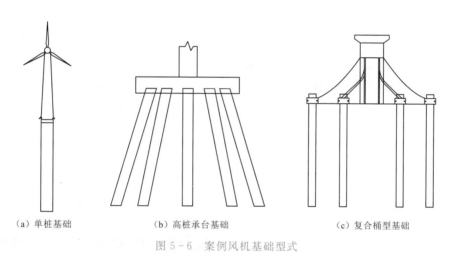

(a) 单桩基础　　　　(b) 高桩承台基础　　　　(c) 复合桶型基础

图 5-6　案例风机基础型式

5.5.1.2 海洋水文气象

海域潮汐性质为非正规半日潮海区，工程区最高潮位 2.43m，最低潮位 -2.18m，平均高潮位 1.36m，平均低潮位 -1.08m，平均潮差 3.9m，平均海平面 0.03m。平均涨潮历时 5h43min，平均落潮历时 6h44min，平均落潮历时长于涨潮历时 1h。常浪向为 ESE 方向，出现频率为 25.39%。

5.5.1.3 工程地质

场区地势较为平坦，地面高程 -12.00～-6.00m。场区内无基岩出露，第四系浅海相、海陆过渡相广布全区，沉积厚度 800～1000m，主要由粉土、淤泥质粉质黏土、粉细砂和黏性土组成，具层理性，结构松散，孔隙度大。根据拟建风电场区内已完成的钻孔揭露，勘探深度范围内均为第四系滨海相、海陆交互相粉土、粉砂及黏性土。勘探深度内场区土按沉积次序、物质组成及工程特性，可分为 9 大层 14 个亚层，从上到下包括：①-1 层粉土、①-2 层淤泥、②层淤泥质粉质黏土、③-2 层粉土、④层粉砂、⑤层粉质黏土夹粉砂、⑥-2层粉砂、⑥-夹层粉质黏土、⑦-1层粉质黏土、⑦-2层粉质黏土、⑦-夹层粉砂、⑧-1层粉土、⑧-2层粉细砂、⑨层粉质黏土。

5.5.1.4　监测方法

本海底冲刷监测采用 GPS 定位＋多波束测深相结合的方法。采用多波束测量海底地形，根据测深数据分析海底地形冲刷情况。通过 GPS 进行导航和定位，确保测量船沿预定测线行驶并实时记录测量船的航迹线。

导航使用 SurveyPro 水上自由行导航软件。导航定位前，在 AutoCAD 图纸中布置好测线，再转换成测量导航文件，利用导航软件设置好定位参数和记录模式。然后连接测深仪、定位仪、波浪补偿器和计算机，引导测量船进入测线位置，按指定的测点间距进行测点定位和测深，并根据导航软件显示随时修正测量船航向。

定位采用 Trimble SPS 型 GPS 星站差分定位系统，具有操作便捷、定位精度高的特点。GPS 定位系统如图 5-7 所示。

图 5-7　GPS 定位系统

多波束测深系统通过声波发射与接收换能器阵进行声波广角度定向发射和接收，在与航向垂直的垂面内形成条幅式高密度水深数据，可精确、快速地测绘沿航线一定宽度条带内海底地形，根据海底地形变化结合测扫声呐检测结果判别海底冲刷情况。多波束扫测时，将 SeaBat T50-P 多波束测深系统固定在测量船的边侧，并靠近风机基础。

SeaBat T50-P 多波束测深系统扫测宽度最高可达水深的 10 倍左右，两侧的测线可覆盖风机基础及周边 50m 的范围。多波束测量方法示意图如图 5-8（a）所示，多波束监测效果图如图 5-8（b）所示。

（a）多波束测量方法示意图　　　　　　　　（b）多波束监测效果图

图 5-8　多波束测量示意图

多波束测量使用 Teledyne Reson 公司 SeaBat T50-P 多波束测深系统，配合光纤罗经、运动传感器及专业水下地形测绘软件，实现实时动态地形测量。该仪器具有 190～420kHz 可调的工作频率，探测开角能达到 165°，测深分辨率达 6mm。SeaBat T50-P 多波束测深装置如图 5-9 所示。

5.5.1.5　监测成果与分析

本小节分别展示采用三种基础形式下的最大冲刷深度工况。冲淤量正值为淤积，负值为冲刷。

1. 单桩基础

单桩基础风机桩基最大冲深工况处距中心位置半径17m范围内（含桩基）冲刷程度剧烈，海底高程范围为 $-14.60\sim-10.86\text{m}$，平均高程为 -11.71m；风机基础周边最大冲刷坑深度约4.60m。

机位中心半径17m之外到周边50m范围内，海底高程范围为 $-11.40\sim-10.00\text{m}$，

图5-9　SeaBat T50-P多波束测深装置

平均高程为 -10.41m；最大冲刷深度约1.40m。风机基础地形周边50m范围内监测三维图和平面图如图5-10所示。

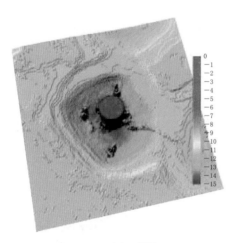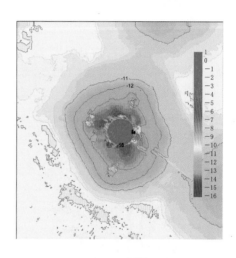

（a）三维图　　　　　　　　　　　　（b）平面图

图5-10　单桩风机基础周边50m范围内监测三维图和平面图

2. 高桩承台基础

高桩承台基础风机桩基最大冲深工况处，距中心位置半径20m范围内（含桩基）冲刷程度剧烈，海底高程范围为 $-12.80\sim-8.90\text{m}$，平均高程为 -10.51m；风机基础周边最大冲刷坑深度约4.53m。

机位中心半径20m外到周边50m范围内，海底高程范围为 $-10.60\sim-8.27\text{m}$，平均高程为 -9.36m；最大冲刷深度约2.33m。高桩承台风机基础地形周边50m范围内监测三维图和平面图如图5-11所示。

3. 复合桶型基础

复合桶型基础风机桩基最大冲深工况处，机位中心半径14.5m外到周边50m范围内，地形起伏变化较大。海底高程范围为 $-13.10\sim-9.74\text{m}$，平均高程为 -12.09m；最大冲刷深度约2.90m。

复合桶型风机基础地形周边50m范围内监测三维图和平面图如图5-12所示。

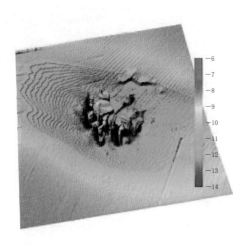 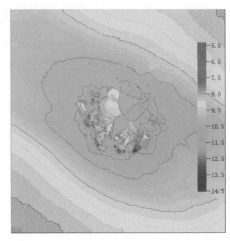

（a）三维图　　　　　　　　　　（b）平面图

图 5-11　高桩承台风机基础周边 50m 范围内监测三维图和平面图

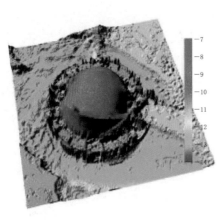 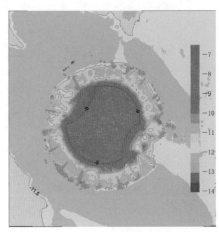

（a）三维图　　　　　　　　　　（b）平面图

图 5-12　复合桶型风机基础周边 50m 范围内监测三维图和平面图

4. 分析与建议

单桩基础风机距离中心 17m 范围内普遍存在一定程度的冲刷现象，最大冲坑范围 2.37～4.60m；高桩承台基础风机距离中心 20m 范围内普遍存在一定程度的冲刷现象，最大坑深范围 2.2～4.53m；复合桶型基础风机距离中心 14.5m 范围外普遍存在一定程度的冲刷现象，最大冲坑深度分别为 2.29～2.90m。对冲坑深度较大和冲刷量较大的风机机位需要进行保护处理，并持续加密监测。

5.5.2　海上风机复合桶型基础冲刷修复

5.5.2.1　风电场概况

江苏某海上风电项目规划海域面积 97km²，风电场中心离岸直线距离约 45km，风电场总装机容量 300MW，主要包括单桩基础及复合桶型基础。

5.5.2.2 海洋水文气象

1975—2014 年平均风速为 3.16m/s，其中 1975—2004 年人工站多年平均风速为 3.39m/s，改为自动站测风后 2004—2014 年平均风速为 2.49m/s。统计多年平均各风向频率，主导风向为 ESE，占 9%。

采用历时累积频率曲线，分析计算历时累积频率 1% 和 98% 的潮位，分别作为工程场区设计高、低水位，得到工程场场区设计高水位为 2.35m，设计低水位为 -1.90m。

潮流流速较大，属强潮流区。潮流类型为半日潮流，在近岸及沙脊水道中，潮流日不等现象比较明显。涨、落急一般出现在半潮面附近，憩流一般出现在高、低潮附近。

5.5.2.3 工程地质

场区属滨海相沉积地貌单元，表层①、②层以砂土、粉土为主，具体如下：

①层粉砂：新近沉积土，灰色，松散稍密，含有机质及云母碎屑。全场分布，层厚 2.50~6.50m。

②层粉砂夹粉土：灰色，稍密，夹粉土层，含少量有机质及云母碎屑。广泛分布，属中压缩性土层，层厚 3.10~8.10m。

5.5.2.4 冲刷现状

场区复合桶型基础周边地形扫测成果：距风机中心 18~50m 范围内，风机基础普遍存在一定程度的冲刷现象，相对周边参考高程，最大冲坑深度范围为 2.80~8.06m。

根据修复方案的要求，对冲刷深度超过 4m 的机位立即抛填吨包及碎石进行保护，不抛满，为后期永久防护方案预留一定高程（后期计划采用砂袋＋固化土防护方案）。

前期对冲刷深度超过 4m 的 6 个机位进行扫测工作，以了解坑位、坑深等详细情况，并在防护过程中针对桩基周围的海缆采取保护措施。测得各基础周边冲刷监测三维效果图和基础点云效果图如图 5-13~图 5-18 所示。

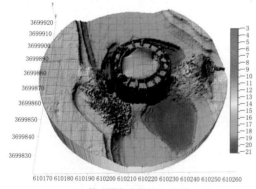

（a）基础周边冲刷监测三维效果图

（b）基础点云效果图

图 5-13 风机一基础周边冲刷

风机一冲刷监测结果如图 5-13（a）所示。机位中心半径 14~50m 范围内，最大冲刷深度约 7.72m。相对周边平均冲淤量为 -4002m³。风机西北侧底部发现海缆痕迹，如

图 5-13（b）所示。

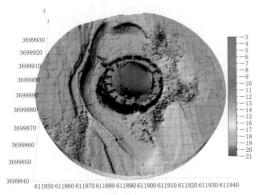

（a）基础周边冲刷监测三维效果图

（b）基础点云效果图

图 5-14　风机二基础周边冲刷

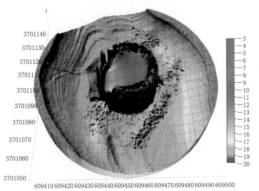

（a）基础周边冲刷监测三维效果图

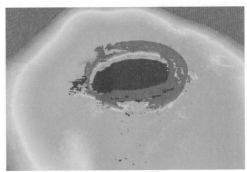

（b）基础点云效果图

图 5-15　风机三基础周边冲刷

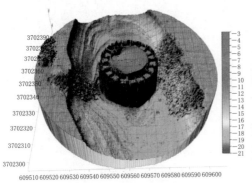

（a）基础周边冲刷监测三维效果图

（b）基础点云效果图

图 5-16　风机四基础周边冲刷

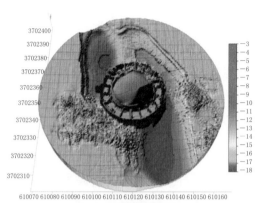
（a）基础周边冲刷监测三维效果图

（b）基础点云效果图

图5-17 风机五基础周边冲刷

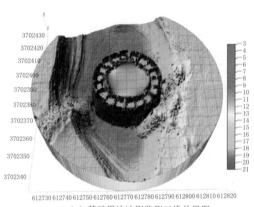
（a）基础周边冲刷监测三维效果图

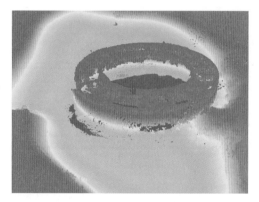
（b）基础点云效果图

图5-18 风机六基础周边冲刷

风机二冲刷监测结果如图5-14（a）所示。机位中心半径14～50m范围内，最大冲刷深度约5.77m。相对周边平均冲淤量为-1956m³。风机西北侧底部发现海缆痕迹，如图5-14（b）所示。

风机三冲刷监测结果如图5-15（a）所示。机位中心半径14～50m范围内，最大冲刷深度约6.72m。相对周边平均冲淤量为-5439m³。风机底部未发现明显海缆痕迹，风机基础点云效果图如图5-15（b）所示。

风机四冲刷监测结果如图5-16（a）所示。机位中心半径14～50m范围内，最大冲刷深度约7.45m。相对周边平均冲淤量为-3602m³。风机西北侧底部发现海缆痕迹，如图5-16（b）所示。

风机五冲刷监测结果如图5-17（a）所示。机位中心半径14～50m范围内，最大冲刷深度约4.26m。相对周边平均冲淤量为-1438m³。风机西北侧底部发现海缆痕迹，如图5-17（b）所示。

风机六冲刷监测结果如图 5-18（a）所示。机位中心半径 14~50m 范围内，最大冲刷深度约 8.06m。相对周边平均冲淤量为-4091m³。风机底部未发现明显海缆痕迹，风机基础点云效果图如图 5-18（b）所示。

5.5.2.5　冲刷防护措施

1. 吨包制作

吨包拟在陆上充砂预制，吨包袋采用涤纶长丝机织土工模袋缝制，填料采用中粗砂，如图 5-19 所示。吨包制作时应考虑收缩，施工完成后平面位置允许误差±100mm，砂被充填厚度允许误差 50mm。

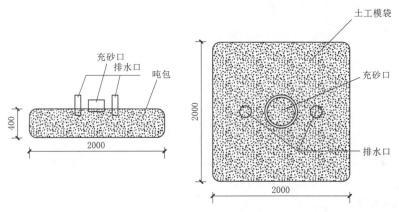

图 5-19　吨包示意图（单位：mm）

2. 吨包抛填计算

抛石需要提前确定相应重量，以满足抛填精准度需要。块石自水面落水点落入水中，由于水流作用，将经过一段水平距离后落到滩面，自落水点至着底点的水平距离（一般不计横向位移）称为抛石落距，落距大小与流速、水深、重量有关。相关规定，其关系可表示为

$$S = 0.8VH/W^{1/6} \tag{5-2}$$

式中　S——块石纵向水平落距，m；

V——施工时抛石部位水面流速，m/s；

H——抛区相应水深，m；

W——块石重量，kg。

计算得出各机位抛石落距，并据此确定施工船的准确定位，在 1.5~2.0m/s 的条件下，抛石抛投的落距调整量为 3m 左右。实际施工时，由抛投人员实测水流流速和水深，算出较精确抛石落距，落距变化比较大时需调整船舶位置以满足要求。

3. 抛石作业

首先在冲刷坑底平铺抛填吨包，即在复合桶型基础周围铺设一圈基础半径宽度的吨包，如图 5-20（a）所示。随后，再由潜水员进入桩体周围深坑摸排，确定作业间隙期机位周围是否出现新的冲刷坑，若吨袋覆盖面基本未变，则开始二次抛石作业。二次抛填作业针对冲刷坑主要分布区域在复合桶型基础周围进行椭圆状铺设，如图 5-20（b）所示。

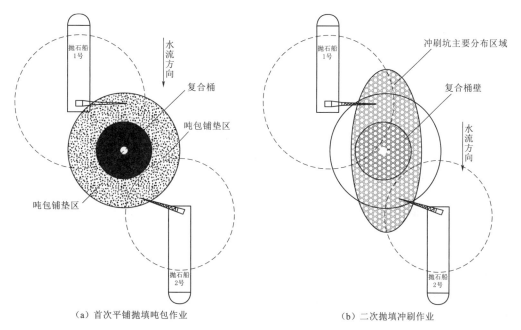

(a) 首次平铺抛填吨包作业　　　　　　　　　(b) 二次抛填冲刷作业

图 5-20　吨包抛填作业俯视图

　　抛石船进入机位后，缓缓释放吊钩下入水面，直至收到潜水员引导信息，细微调整吊机动作。最终到达充填位置后抛置即可。经过潜水员确认后，进入循环装载抛填作业，直至该深坑与周围海床面无明显高差为止。抛填作业如图 5-21 所示，相应完成后的成果如图 5-22 所示。

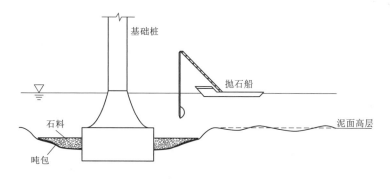

图 5-21　抛填作业示意图

5.5.2.6　海缆保护

　　防冲刷抛石需要保证连接海缆安全。将海缆进行隔离式保护，对抛石工程提出相应海缆防护措施如下：

　　（1）各机位抛石施工前，由潜水员对复合桶壁周精确探查，明确 16m 半径冲刷区内海缆出露长度，明确海缆方位和悬空状态，明确出露海缆左右 1～2m 范围内海床情况。

　　（2）抛填至海缆左右 1.5m 时，吨包铺垫停止作业，留出以海缆为中心的 3m 宽保护槽区（如图 5-23 所示），吨包槽壁由潜水员确认位置和抛投情况。

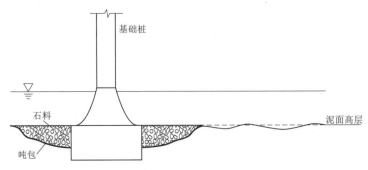

图 5-22　抛填完工示意图

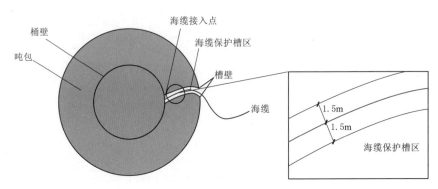

图 5-23　海缆保护槽区示意图

（3）于保护槽区定点灌填石料，直至充满海缆下方悬空部分，可继续加石料，并由潜水员配合，埋没海缆于石子中。由于碎石料质量小，无法于水流中精准充入保护槽，施工时刻将选择在平潮时期。

（4）由潜水员沿海缆线仔细检查，查漏补填。

5.5.3　近海风电单桩基础冲刷防护措施对比

5.5.3.1　风电场概况

广东某近海风电项目包含单桩基础风机、升压站和测风塔等大型结构物。施工中打桩结束后采用抛石、砂被两种抗冲刷措施对单桩基础进行防护。选取具有代表性的风机和升压站作为调查对象，采用三维声呐对桩基础进行扫测，调查其冲刷情况。通过对比分析抛石、砂被防护方案在项目中的抗冲刷效果，总结不同防护措施下产生冲刷的原因并提出相应的建议措施，为相关工程提供资料，减少防护失效现象。

5.5.3.2　仪器设备及方案实施

勘测使用的三维声呐为英国 Coda 公司的 Echoscope C500 实时三维成像声呐。Echoscope 是当时全球首款也是分辨率最高的一款实时 3D 声呐，能够实时呈现精准直观的目标物图像。

冲刷扫测按照以下方案来实施：

（1）根据 GPS 控制网测量成果，对控制点进行校核，计算定位设备的系统误差，对坐标转换结果进行修正。

（2）将风机位置制作成 CAD 文件，导入软件中作为导航底图，采用声速剖面仪测量测区的声速剖面，计算平均声速。

（3）根据选定风机位置，对风机的基础部位采用三维声呐扫测，记录扫测过程文件。

（4）根据现场情况，在合适位置对设备安装偏移值进行校准，将校准参数输入到软件中。

（5）对风机基础扫测数据进行融合拼接，得到较为完整的海底图像。

（6）统计各风机基础的最大冲刷深度、冲刷半径。

5.5.3.3 冲刷现状

根据三维声呐扫测结果获取的风机基础点云图像，按照高程对点云颜色渲染，深度颜色图例在图 5-24 中展示。所有三维声呐结果均为俯视图，图中向上朝向均为正北。本节对抛石防护和砂被防护两种防护方式展开防护效果分析，其中风机桩一、桩二采用抛石防护，而风机桩三、桩四、桩五及桩六采用砂被防护。

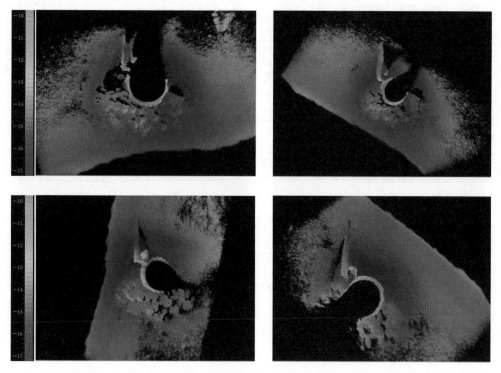

图 5-24　风机一基础三维声呐扫测结果

1. 风机一

风机一基础三维声呐扫测结果如图 5-24 所示，风机南侧能看到明显的抛石防护而北侧没有，电缆从北侧入泥。在冲刷范围内无抛石防护的区域存在较为明显的冲刷坑，其中最大冲刷深度为 4.2m，冲刷半径为 12m。可以看出在风机南侧抛石防护起到了一定的抗冲刷效果。

2. 风机二

风机二基础三维声呐扫测结果如图 5-25 所示，风机二处水深较浅，扫测水深约为 3.7m，风机基础周边能够看到零星的石块，电缆从风机北侧入泥。最大冲刷深度为 4.4m，冲刷半径为 8m。

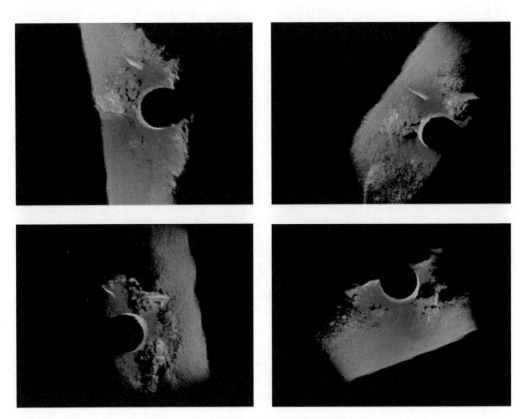

图 5-25 风机二基础三维声呐扫测结果

3. 风机三

风机三基础三维声呐扫测结果如图 5-26 所示，风机周围存在显著的砂被防护措施，砂被边缘较为清晰。靠近风电桩的砂被纹理模糊，形成冲刷坑，在砂被防护区域的东西向冲刷较南北向严重。电缆自风机北侧入泥，最大冲刷深度为 3m，冲刷半径为 11m。

4. 风机四

风机四基础三维声呐扫测结果如图 5-27 所示，电缆从风机北侧入泥。风机周围存在明显的砂被防护措施，砂被纹理清晰，外边缘与海床间的分界线明显。靠近风电桩的砂被显著低于周边海床，发展成冲刷坑。最大冲刷深度为 5.1m，冲刷半径为 9m。

5. 风机五

风机五基础三维声呐扫测结果如图 5-28 所示，电缆从风机北侧入泥。风机周围存在明显的砂被防护措施，砂被纹理清晰，外边缘与海床间的分界线明显。靠近风电桩的砂被显著低于周边海床，发展成冲刷坑。最大冲刷深度为 4.2m，冲刷半径为 9m。

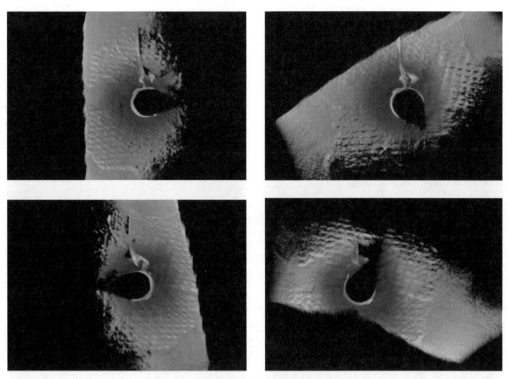

图 5-26　风机三基础三维声呐扫测结果

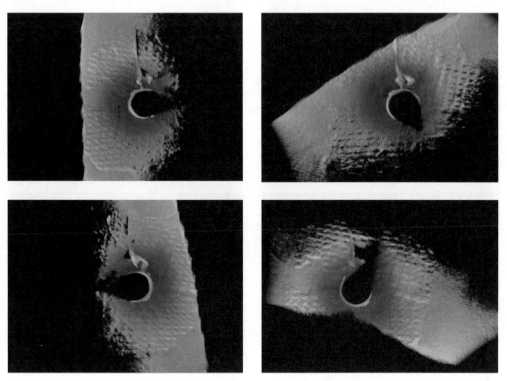

图 5-27　风机四基础三维声呐扫测结果

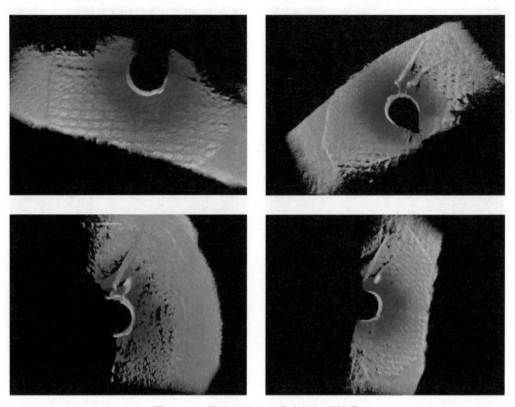

图 5-28　风机五基础三维声呐扫测结果

6. 风机六

风机六基础三维声呐扫测结果如图 5-29 所示，电缆从风机北侧入泥。风机周围存在明显的砂被防护措施，砂被北侧存在结构不同的块状物体，由于冲刷靠近风电桩的砂被低于周边海床，砂被东侧形成宽度约为 2.5m 的冲刷沟。整个冲刷范围内最大冲刷深度为2.7m，冲刷半径为 8m。

7. 升压站

升压站基础三维声呐扫测结果如图 5-30 所示，升压站四周有 9 根电缆入泥，入泥前

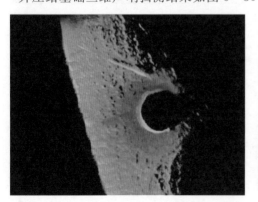

图 5-29（一）　风机六基础三维声呐扫测结果

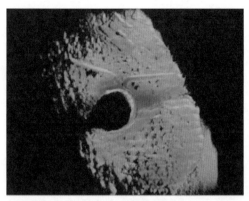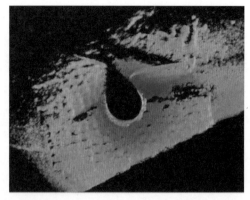

图 5-29（二）　风机六基础三维声呐扫测结果

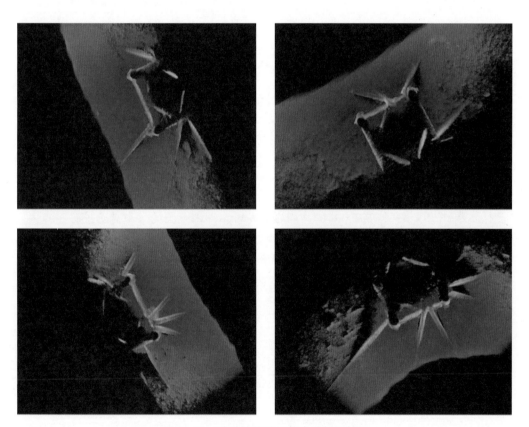

图 5-30　升压站基础三维声呐扫测结果

电缆悬空长度不一。升压站海底基础无明显防护措施，从图中结果可以看出，升压站的西北侧基础冲刷比其他方向严重，相应的最大冲刷深度为 3.8m。

5.5.3.4　防护效果对比

本次扫测有 6 个单桩基础和 1 个升压站。由于防护措施的防护能力随时间的增加而逐渐降低，且测量工作开展时的水位信息也对测量结果分析十分重要。因此在本节比较之前将各个桩基础的建设和测量信息列出，扫测风机建设信息统计见表 5-2。

表 5-2　　　　　　　　　　　　　　扫测风机建设信息统计

桩号	打桩-保护间隔/个月	保护至今/个月	防护方式	工前水深/m	冲刷深度/n	冲刷半径/m
桩一	5	18	抛石	−7.0	4.2	12
桩二	4	18	抛石	−7.5	3.0	11
桩三	7	13	砂被	−7.9	5.1	9
桩四	6	13	砂被	−8.9	4.2	9
桩五	2	12	砂被	−7.1	2.7	8
桩六	5	12	砂被	−3.9	4.4	8
升压站				−7.8	3.8	/

根据测量结果统计，相应的结果对比情况见表 5-3。

表 5-3　　　　　　　　　　　　　　两种防护措施扫测结果对比

防护方式		抛 石 防 护	砂 被 防 护
扫测结果	冲刷深度/m	4.2、4.4	3.0、5.1、4.2、2.7
	冲刷范围/m	12、8	11、9、9、8
	冲刷形状	桩周边形成不规则冲刷坑，与抛石分布有关	桩周边形成圆形冲刷坑，部分存在冲刷沟
	防护现状	抛石不规则分布于桩周，防护范围较小，但有抛石处抗冲刷效果显著	砂被比较规则地分布于桩周边，砂被内侧冲刷深度大

测量结果显示，两种防护方式的共同之处在于，冲刷范围的大小与防护时间有关，同时防护效果与桩基所处环境下的水动力因素有关。最大的冲刷深度出现在桩基础附近。比较特殊的区别在于，抛石防护受水动力条件的影响随机性较大，一旦某处的抛石出现移动，则该处的冲刷会显著增加。相反地，砂被防护的整体性较强，对桩周的保护则较为均匀。

5.5.3.5　冲刷原因与建议措施

1. 冲刷原因分析

风电桩基一、二防护方案为抛石方案，从扫测结果可以看出抛石防护形成冲刷坑的主要原因为海底抛石不能形成完整的覆盖防护区域。相应的原因主要有：防护施工的抛石方量不足以完整覆盖防护区域；抛石施工工艺缺陷导致抛石堆积，不能均匀分布在原定防护区域；沉桩至防护施工时间间隔较长，桩周存在的冲刷坑在防护施工前未有效处理等。

风电桩基三、四、五以及六防护方案采用砂被防护方案，从扫测结果可以看出砂被冲刷主要存在桩周冲刷坑和冲刷沟（图 5-29）两种情况，导致冲刷的原因主要有：沉桩至防护施工间隔较长，桩周存在的冲刷坑在防护施工前未有效处理；海水通过砂被与风电桩之间的间隙掏空底部泥沙，砂被下陷形成冲刷坑；砂被搭接处未固定牢固，在水流作用下砂被分开，产生的无防护带状区域在水动力作用下形成冲刷沟等。

2. 防护建议措施

（1）增加施工过程控制，防护施工前进行桩基基础扫测工作，缩短沉桩至防护施工的时间间隔。针对沉桩至防护施工期间形成的冲刷坑，在进行防护施工前需要做好回填处理。

（2）桩基下砂被防护措施由多块砂被搭接组成，砂被施工过程中应当做好接头处的固定工作，防止两块砂被接头被海流冲开。

（3）所有扫测的风机基础均于桩周存在明显的冲刷坑，相应的防护施工可结合抛石防护和砂被防护的优点。先在桩周一定范围内采用抛石换填原海床，整平后再采用砂被防护。

（4）选择耐海水腐蚀的原材料作为防护材料，进行抛石防护和砂被防护在海水中的腐蚀试验，给出两种防护的使用寿命。

（5）依据安全监测结果修订防护方案，对冲刷严重和可能发生严重冲刷的风电桩基及时采取补救措施，避免危害风机基础安全。同时，针对冲刷情况可以制订安全监测方案，建立冲刷档案，根据冲刷结果调整调查监测频率，形成监测-修复-再监测的控制闭环。

5.5.4 近海风电导管架基础冲刷扫测

5.5.4.1 风电场概况

广东省阳江市某海上风电场装机容量 400MW，距离陆域最近约 16km。整体布置包括风电机组（单机容量为 5.5MW）、海上升压站（220V）以及陆上集控中心。风机外轮廓包络涉海面积约 58km²，水深为 24～28m。

5.5.4.2 海洋水文气象

风电场所在位置平均海平面高程为 0.67m，多年平均气温为 22.5℃，历史最高气温为 38.3℃，历史最低气温为 -1.4℃。在轮毂处年平均风速为 7.8m/s，50 年一遇最大风速为 53.7m/s，50 年一遇极大风速为 69.8m/s，盛行风向为 ENE。年平均高潮位为 1.43m，年平均低潮位为 -0.08m；设计高潮位 2.12m，设计低潮位 -0.51m；50 年一遇极值高潮潮位为 3.54m。

该海区年平均 $H_{1/10}$ 为 0.4m，平均 H_{max} 为 0.6m，平均波高季节变化不大，5—7 月平均 $H_{1/10}$ 最大，为 0.6m，1—4 月和 9 月平均 $H_{1/10}$ 最小，为 0.3m。历年最大波高为 3.8m，波向 112°，周期为 8.5s。

5.5.4.3 工程地质

风电场地层覆盖层主要包括全新统海相沉积（Q_4^m）、全新统海陆过渡相沉积层（Q_4^{m+al}）、全新统海陆交互相沉积层（Q_4^{m+al}）和第四系残积黏性土层（Q^{el}），下伏基岩为花岗岩，场区覆盖层厚度从北向南逐渐增大。

本工程场地水深 23.3～29.75m，场地上部普遍存在厚度 2.30～14.20m 的软弱土。整体上，场地上部土层工程性能较差，其承载力和变形不能满足结构要求，故不宜采用天然地基。而桩基础具有承载力高、沉降小且均匀、抗震性能好等特点，能够较好地承受水平荷载、上拔力及由风机产生的振动或动力作用，故本工程风机和升压站采用桩基础。

5.5.4.4　冲刷现状

本次检测针对风电场三处四桩非嵌岩导管架周边的冲刷进行扫测，其沉桩时间在2020年下半年到2021年初。本次检测作业以交通船为工作平台，搭载多波束2024、罗经Octance、海测 GPS 等设备，进行走航式扫测。

1. 导管架一

通过现场多波束扫测发现桩一处基础底部周围与海床高程基本平齐，未存在明显冲刷。如图5-31所示，在桩基外围发现了两个小型冲刷坑，面积分别为 330m²（上侧）和 476m²（下侧）。其中上侧的冲刷坑平均冲刷深度约为1.2m，最大冲刷深度约为 1.5m；下侧的冲刷坑平均冲刷深度约为 2.1m，最大冲刷深度约为 2.5m。

2. 导管架二

通过现场多波束扫测发现桩二未露出水面，基础底部周围与海床高程基本平齐，未存在明显冲刷，如图5-32所示。

图 5-31　导管架一基础周边多波束扫测图

3. 导管架三

通过现场多波束扫测发现桩三未露出水面，基础底部周围与海床高程基本平齐，未存在明显冲刷，如图5-33所示。

经过图像采集和数据分析，发现本风电场基础冲刷情况良好。

图 5-32　导管架二基础周边多波束扫测图

图 5-33　导管架三基础周边多波束扫测图

参　考　文　献

[1]　夏令. 波浪作用下的泥沙起动及海底管线周围局部冲刷 [D]. 杭州：浙江大学，2006.

［2］ 易仁彦，周瑞峰，黄茜. 近 15 年国内桥梁坍塌事故的原因和风险分析［J］. 交通科技，2015（5）：61-64.

［3］ 高正荣，黄建维，卢中一. 长江河口跨江大桥桥墩局部冲刷及防护研究［M］. 北京：海洋出版社，2005.

［4］ 赵建虎，刘经南. 多波束测深及图像数据处理［M］. 武汉：武汉大学出版社，2008.

［5］ Melville B W，Coleman S E. Bridge Scour［M］. Colorodo：Water Resource Publications，2000.

［6］ Sumer B M，Fredsøe J. The mechanics of scour in the marine environment［M］. Singapore：World Scientific，2002.

［7］ Chabert J，Engeldinger P. Etude des affouillements autourdes piles des abutments［J］. Rep. Natl. Hydraul Lab. Chatou，1956.

［8］ Kwan T F. A study of abutment scour［J］. Rep. No. 451，New Zealand：School of Engrg.，The Univ. of Auckland，New Zealand，1988.

［9］ Kwan T F，Melville B W. Local scour and flow measurements at bridge piers［J］. Journal of Hydraulic Research，1994，32（5）：661-674.

［10］ Lagasse P F，Clopper P E，Zevenbergen L W，et al. NCHRP report 593：countermeasures to protect bridge piers from scour［R］. Washington D C：Transportation Research Board，2007.

［11］ Lauchlan C S，Melville B W. Riprap protection at bridge piers［J］. Journal of Hydraulic Engineering，2001，127（5）：412-418.

［12］ Lim F H，Chiew Y M. Parametric study of riprap failure around bridge piers［J］. Journal of Hydraulic Research，2001，39（1）：61-72.

［13］ Chiew Y M. Local scour at bridge piers［J］. Rep. No. 355，University of Auckland，School of Eng Aucland，New Zealand，1984.

［14］ Chiew Y M. Scour protection at bridge piers［J］. Journal of Hydraulic Engineering，1992，118（9）：1260-1269.

［15］ Zarrati A R，Gholami H，Mashahir M B. Application of collar to control scouring around rectangular bridge piers［J］. Journal of Hydraulic Research，2004，42（1）：97-103.

［16］ Kumar V，Rangaraju K G，Vittal N. Reduction of local scour around bridge piers using slot and collar［J］. Journal of Hydraulic Engineering，1999，125（12）：1302-1305.

［17］ Haque A，Rahman M M，Islam G T，et al. Scour mitigation at bridge piers using sacrificial piles［J］. International Journal of Sediment Research，2007，22（1）：49-59.

［18］ Tafarojnoruz A，Gaudio R，Calomino F. Evaluation of flow-altering countermeasures against bridge pier scour［J］. Journal of Hydraulic Engineering，2012，138（3）：297-305.

［19］ Wang C，Liang F Y，Yu X. Experimental and numerical investigation of sacrificial piles to diminish local scour around pile groups［J］. Natural Hazards，2017，85：1417-1435.